ISO 9001:2015
(JIS Q 9001:2015)
要求事項の解説

品質マネジメントシステム規格国内委員会　監修

中條武志・棟近雅彦・山田　秀　著

日本規格協会

執 筆 者

中條	武志	中央大学理工学部経営システム工学科
棟近	雅彦	早稲田大学理工学術院創造理工学部経営システム工学科
山田	秀	筑波大学ビジネスサイエンス系
飯塚	悦功	東京大学名誉教授
須田	晋介	株式会社テクノファ
住本	守	元ソニー株式会社
水流	聡子	東京大学大学院工学系研究科化学システム工学研究科専攻
平林	良人	株式会社テクノファ

(順不同,敬称略,所属は発刊時)

著作権について

本書は,著作権法により保護されています.本書の一部又は全部について,当会の許可なく引用・転載・複製等をすることを禁じます.

まえがき

　2015年9月23日，ISO 9001の第5版が発行された．これに伴い同年11月20日には，この翻訳がJIS Q 9001改正版として発行された．ISO 9001の2000年版及びその技術的内容を変えずに要求事項の意図を明確にした2008年版は，1987年版及び1994年版の中核であった"プロセスアプローチ"に"PDCAサイクル"の考え方を加えることで，製造業からサービス業へ，大企業から中小企業へと適用領域が拡大する中で，品質マネジメントシステムの"有効性"の強化を目指したものであった．今回の改訂は，これらのアプローチ・考え方を維持したまま，信頼感や安心が強く求められるようになった社会背景を受け，さらに"リスクに基づく考え方"を明確にしたものとなっている．適合製品及びサービスを提供し，顧客を満足させる組織の能力を向上させるとともに，ISO 9001に基づく品質マネジメントシステムに対する信頼感を向上させるための要求事項の強化が数多く行われており，2000年改訂と同じあるいはそれよりも大きい技術的内容の変更となっている．

　ISO 9001には，その影響の大きさから，公式に近い"規格の意図の解説書"が望まれている．このニーズに対応するため，大幅な改訂となった2000年版に対しては，改訂作業に携わったISO/TC 176エキスパートを著者とした『ISO 9000 要求事項及び用語の解説［2000年版］』（日本規格協会，2002）が刊行された．また，2008年ISO 9001追補改訂版の発行に伴っては，どこをなぜ変えたのかを丁寧に説明する解説書も必要となったため，上記の書籍の改訂版と合わせて『ISO 9001 新旧規格の対照と解説』（日本規格協会，2008）も刊行された．本書『ISO 9001:2015 要求事項の解説』及び本書と同時に刊行する『ISO 9001:2015 新旧規格の対照と解説』は，これらの2000年及び2008年刊行の書籍と同様の狙いをもったものであり，改訂作業に携わったISO/TC 176エキスパートにより執筆・レビューされた"規格の意図の解説書"である．

本書は，新たに ISO 9001 に基づく品質マネジメントシステムの構築・運営に取り組む人，改訂版に基づいて従来のシステムの見直し・レベルアップに取り組む人などを対象に，規格の意図を理解してもらうことに主眼を置いている．要求事項の意図を理解してもらう上では，具体例を示すのがよいのであるが，逆にどのような場合にもそのとおりに行えばよいと誤解されるおそれも大きい．最低限の例を示しながら，なぜそのような要求事項や用語の定義を定めたのか，その要求事項に従って品質マネジメントシステムを構築・運用することでどのような効果が得られるのかを中心に解説した．第 1 部の基本的性格を中條，第 2 部の用語の解説を棟近，第 3 部の要求事項の解説を山田のそれぞれが 2008 年刊行の書籍を参照しながら全面的に書き直し，それを飯塚，水流，住本，須田がレビューし，そのうえで，全体での議論を重ねて完成した．

　日本規格協会国際標準化ユニットの佐藤恭子氏と諸橋護易氏には，ISO/TC 176 の国際会議に同行していただくとともに，対応国内委員会の事務局として，ISO 9000/JIS Q 9000 ファミリー規格への対応を切り回していただいている．お二人には，本書の作成に当たり執筆に必要な資料類の整理や原稿の素案作成，そして原稿のレビューをしていただいた．また，日本規格協会出版事業グループの室谷誠氏と伊藤朋弘氏には，編集者として短期間のうちに高レベルの校正をしていただき，著者の納期遅れを取り戻し，また原稿の質を格段に上げていただいた．皆様に改めてお礼申しあげたい．

　制定後 30 年近くを経ても，今もって様々な議論を巻き起こしている ISO 9001，一般的記述で適用組織の裁量に任される部分の多い ISO 9001，適用組織の主体的取組みがあれば有効活用の余地の多い ISO 9001，それら ISO 9001 の特質を引き出し得る解説であり続けたいと願いつつ，本書をお届けする．本書が，各組織が ISO 9001 に基づく品質マネジメントの実践に取り組む上で，品質マネジメントシステム認証制度が社会の発展に貢献する上で役に立てば幸いである．

　2015 年 9 月　ISO 9001:2015 発行の日に
　　　　　品質マネジメントシステム規格国内委員会委員長　中條　武志

目　次

まえがき

第 1 部　ISO 9001 要求事項　規格の基本的性格

1. ISO 9001 の 2015 年改訂 …… 15
　1.1　ISO 9001:2015 の発行 …… 15
　1.2　ISO 9000 ファミリー規格の中における ISO 9001:2015 の位置付け …… 16
　1.3　ISO 9001 の 2015 年改訂の意味するもの …… 18

2. ISO 9001 の改訂審議 …… 21
　2.1　会議開催状況 …… 21
　2.2　定期見直し …… 24
　2.3　規格の仕様書 …… 25
　2.4　WD の作成 …… 28
　2.5　審議における主な論点 …… 29
　2.6　ISO 9000 ファミリー規格・支援文書の審議 …… 37

3. ISO 9001 の 2015 年改訂版の特徴 …… 41
　3.1　構造・表現に関する特徴——附属書 SL の採用 …… 41
　3.2　基本的性格に関する特徴 …… 45
　　（1）　適用範囲 …… 45
　　（2）　顧客満足 …… 48
　　（3）　改　善 …… 50

3.3　マネジメントシステムモデルに関する特徴 ……………… 52
　　　　(1)　プロセスアプローチ ……………………………………… 52
　　　　(2)　PDCA サイクル …………………………………………… 56
　　　　(3)　リスクに基づく考え方 …………………………………… 57
　　3.4　要求事項に関する特徴 ……………………………………… 60
　　　　(1)　組織の状況の理解と事業との関連付け ………………… 61
　　　　(2)　利害関係者のニーズ及び期待の把握とそれに基づく適用
　　　　　　範囲の決定 ………………………………………………… 62
　　　　(3)　リスク及び機会の明確化と取組みの計画 ……………… 63
　　　　(4)　品質マネジメントシステムのパフォーマンスの改善 … 64
　　　　(5)　組織的な知識とその獲得・蓄積・活用 ………………… 64
　　　　(6)　人に起因する不適合の防止 ……………………………… 65
　　　　(7)　変更の管理 ………………………………………………… 65
　　　　(8)　外部から提供されるプロセス，製品及びサービスの管理 …… 66
　　　　(9)　業種・規模に応じた文書化 ……………………………… 66

4. ISO 9001 のこれまでとこれから ………………………………… 68

　　4.1　品質マネジメントシステム規格のこれまで ……………… 68
　　　　(1)　二つの品質マネジメントシステム規格の発行 ………… 68
　　　　(2)　1994 年改訂における品質マネジメントに関する概念の
　　　　　　整理と拡張 ………………………………………………… 69
　　　　(3)　2000 年改訂における ISO 9001 の適用範囲の拡大 …… 72
　　　　(4)　2008 年改訂における意図の明確化 …………………… 73
　　4.2　QMS 認証制度のこれまで ………………………………… 74
　　　　(1)　第三者認証制度 …………………………………………… 74
　　　　(2)　EC 経済統合 ……………………………………………… 74
　　　　(3)　品質保証新時代の幕開け ………………………………… 75
　　　　(4)　国内取引への拡大 ………………………………………… 75
　　　　(5)　セクタ規格の増殖 ………………………………………… 76
　　　　(6)　ISO 14001 の発行と環境マネジメントシステム認証制度 …… 76
　　　　(7)　負のサイクル ……………………………………………… 77
　　4.3　ISO 9001 及び QMS 認証制度のこれから ……………… 78

第2部　ISO 9000:2015　用語の解説

ISO 9000:2015 改訂の概要 …… 81

3.1　人又は人々に関する用語 …… 85

- 3.1.1　トップマネジメント …… 85
- 3.1.3　参画 …… 86
- 3.1.4　積極的参加 …… 86

3.2　組織に関する用語 …… 86

- 3.2.1　組織 …… 86
- 3.2.2　組織の状況 …… 86
- 3.2.3　利害関係者，ステークホルダー …… 88
- 3.2.4　顧客 …… 88
- 3.2.5　提供者，供給者 …… 88
- 3.2.6　外部提供者，外部供給者 …… 88

3.3　活動に関する用語 …… 92

- 3.3.1　改善 …… 92
- 3.3.2　継続的改善 …… 92
- 3.3.8　品質改善 …… 92
- 3.3.3　マネジメント，運営管理 …… 94
- 3.5.1　システム …… 94
- 3.5.3　マネジメントシステム …… 94
- 3.5.4　品質マネジメントシステム …… 94

　本書の編集上，第2部，第3部では箇条番号をそれぞれ ISO 9000:2015，ISO 9001:2015 に対応させている．また，第2部は解説の都合上，一部，箇条番号順に解説されていないことに留意いただきたい．

- 3.3.4 品質マネジメント ……………………………………… 97
- 3.3.5 品質計画 …………………………………………………… 97
- 3.3.6 品質保証 …………………………………………………… 97
- 3.3.7 品質管理 …………………………………………………… 97
- 3.3.8 品質改善 …………………………………………………… 97

3.4 プロセスに関する用語 …………………………………… 101

- 3.4.1 プロセス …………………………………………………… 101
- 3.7.5 アウトプット ……………………………………………… 101
- 3.7.6 製 品 ……………………………………………………… 101
- 3.7.7 サービス …………………………………………………… 101
- 3.4.5 手 順 ……………………………………………………… 104
- 3.4.6 外部委託する ……………………………………………… 105
- 3.4.8 設計・開発 ………………………………………………… 106

3.5 システムに関する用語 …………………………………… 109

- 3.5.2 インフラストラクチャ …………………………………… 109
- 3.5.5 作業環境 …………………………………………………… 109
- 3.5.8 方 針 ……………………………………………………… 110
- 3.5.9 品質方針 …………………………………………………… 110
- 3.7.1 目 標 ……………………………………………………… 110
- 3.7.2 品質目標 …………………………………………………… 110
- 3.5.10 ビジョン ………………………………………………… 113
- 3.5.11 使 命 …………………………………………………… 113
- 3.5.12 戦 略 …………………………………………………… 113

3.6 要求事項に関する用語 …………………………………… 114

- 3.6.1 対象，実体，項目 ………………………………………… 114

3.6.2	品　質	115
3.6.3	等　級	116
3.6.4	要求事項	117
3.6.5	品質要求事項	117
3.6.6	法令要求事項	117
3.6.7	規制要求事項	117
3.6.9	不適合	119
3.6.10	欠　陥	119
3.6.11	適　合	119
3.6.12	実現能力	122
3.6.13	トレーサビリティ	123
3.6.14	ディペンダビリティ	124
3.6.15	革　新	124

3.7　結果に関する用語　125

3.7.3	成　功	125
3.7.4	持続的成功	125
3.7.8	パフォーマンス	126
3.7.9	リスク	128
3.7.10	効　率	130
3.7.11	有効性	130

3.8　データ，情報及び文書に関する用語　131

3.8.1	データ	131
3.8.2	情　報	131
3.8.3	客観的証拠	132
3.8.5	文　書	132
3.8.6	文書化した情報	132

3.8.10 記　録 ·· 132
3.8.7 仕様書 ·· 135
3.8.8 品質マニュアル ·· 135
3.8.9 品質計画書 ··· 136
3.8.12 検　証 ·· 137
3.8.13 妥当性確認 ··· 137

3.9 顧客に関する用語 ·· 139

3.9.1 フィードバック ·· 139
3.9.2 顧客満足 ·· 139
3.9.3 苦　情 ·· 139

3.10 特性に関する用語 ·· 141

3.10.1 特　性 ·· 141
3.10.2 品質特性 ·· 141
3.10.3 人的要因 ·· 143
3.10.4 力　量 ·· 144

3.11 確定に関する用語 ·· 145

3.11.1 確　定 ·· 145
3.11.2 レビュー ·· 145
3.11.3 監　視 ·· 145
3.11.4 測　定 ·· 145
3.11.7 検　査 ·· 145
3.11.8 試　験 ·· 145

3.12 処置に関する用語 ·· 148

3.12.1 予防処置 ·· 148

- 3.12.2 是正処置 ……………………………………… 148
- 3.12.3 修　正 ……………………………………… 150
- 3.12.4 再格付け ……………………………………… 150
- 3.12.8 手直し ……………………………………… 150
- 3.12.9 修　理 ……………………………………… 150
- 3.12.10 スクラップ ……………………………………… 150
- 3.12.5 特別採用 ……………………………………… 152
- 3.12.6 逸脱許可 ……………………………………… 152
- 3.12.7 リリース ……………………………………… 154

3.13　監査に関する用語 ……………………………………… 155

- 3.13.1 監　査 ……………………………………… 155
- 3.13.2 複合監査 ……………………………………… 155
- 3.13.3 合同監査 ……………………………………… 155
- 3.13.4 監査プログラム ……………………………………… 158
- 3.13.5 監査範囲 ……………………………………… 158
- 3.13.6 監査計画 ……………………………………… 158
- 3.13.7 監査基準 ……………………………………… 160
- 3.13.8 監査証拠 ……………………………………… 160
- 3.13.9 監査所見 ……………………………………… 160
- 3.13.10 監査結論 ……………………………………… 160
- 3.13.11 監査依頼者 ……………………………………… 162
- 3.13.12 被監査者 ……………………………………… 162
- 3.13.13 案内役 ……………………………………… 162
- 3.13.14 監査チーム ……………………………………… 162
- 3.13.15 監査員 ……………………………………… 162
- 3.13.16 技術専門家 ……………………………………… 162
- 3.13.17 オブザーバ ……………………………………… 162

その他の用語 165

第3部　ISO 9001:2015　要求事項の解説

要求事項全体に埋め込まれたPDCAサイクルの構造 179

4　組織の状況 181

4.1　組織及びその状況の理解 181
4.2　利害関係者のニーズ及び期待の理解 184
4.3　品質マネジメントシステムの適用範囲の決定 186
4.4　品質マネジメントシステム及びそのプロセス 189

5　リーダーシップ 191

5.1　リーダーシップ及びコミットメント 191
　　5.1.1　一　般 191
　　5.1.2　顧客重視 195
5.2　方　針 196
　　5.2.1　品質方針の確立 196
　　5.2.2　品質方針の伝達 196
5.3　組織の役割，責任及び権限 198

6　計　画 200

6.1　リスク及び機会への取組み 200
6.2　品質目標及びそれを達成するための計画策定 205
6.3　変更の計画 207

7　支　援 209

7.1　資　源 209

		7.1.1	一　般 ……………………………………………	209
		7.1.2	人　々 ……………………………………………	210
		7.1.3	インフラストラクチャ ……………………………	212
		7.1.4	プロセスの運用に関する環境 ……………………	213
		7.1.5	監視及び測定のための資源 ………………………	214
			7.1.5.1　一　般 …………………………………	214
			7.1.5.2　測定のトレーサビリティ ……………	214
		7.1.6	組織の知識 …………………………………………	216
	7.2	力　量 …………………………………………………………		218
	7.3	認　識 …………………………………………………………		221
	7.4	コミュニケーション ………………………………………		222
	7.5	文書化した情報 ………………………………………………		223
		7.5.1	一　般 ……………………………………………	223
		7.5.2	作成及び更新 ………………………………………	226
		7.5.3	文書化した情報の管理 ……………………………	227

8　運　用 ……………………………………………………………… 229

	8.1	運用の計画及び管理 …………………………………………		229
	8.2	製品及びサービスに関する要求事項 ………………………		232
		8.2.1	顧客とのコミュニケーション …………………	232
		8.2.2	製品及びサービスに関する要求事項の明確化 ………	233
		8.2.3	製品及びサービスに関する要求事項のレビュー ………	235
		8.2.4	製品及びサービスに関する要求事項の変更 ………	237
	8.3	製品及びサービスの設計・開発 ……………………………		237
		8.3.1	一　般 ……………………………………………	237
		8.3.2	設計・開発の計画 …………………………………	238
		8.3.3	設計・開発へのインプット ………………………	240
		8.3.4	設計・開発の管理 …………………………………	241
		8.3.5	設計・開発からのアウトプット …………………	243
		8.3.6	設計・開発の変更 …………………………………	244
	8.4	外部から提供されるプロセス，製品及びサービスの管理 ……		245

        8.4.1　一　　般 …………………………………… 245
        8.4.2　管理の方式及び程度 …………………………… 246
        8.4.3　外部提供者に対する情報 ……………………… 247
    8.5　製造及びサービス提供 ……………………………………… 248
        8.5.1　製造及びサービス提供の管理 ………………… 248
        8.5.2　識別及びトレーサビリティ …………………… 251
        8.5.3　顧客又は外部提供者の所有物 ………………… 252
        8.5.4　保　　存 ………………………………………… 253
        8.5.5　引渡し後の活動 ………………………………… 254
        8.5.6　変更の管理 ……………………………………… 255
    8.6　製品及びサービスのリリース ……………………………… 256
    8.7　不適合なアウトプットの管理 ……………………………… 257

9　パフォーマンス評価 ………………………………………… 259

    9.1　監視，測定，分析及び評価 ………………………………… 259
        9.1.1　一　　般 ………………………………………… 259
        9.1.2　顧客満足 ………………………………………… 261
        9.1.3　分析及び評価 …………………………………… 262
    9.2　内部監査 ……………………………………………………… 263
    9.3　マネジメントレビュー ……………………………………… 265
        9.3.1　一　　般 ………………………………………… 265
        9.3.2　マネジメントレビューへのインプット ……… 265
        9.3.3　マネジメントレビューからのアウトプット … 265

10　改　　善 ……………………………………………………… 267

    10.1　一　　般 …………………………………………………… 267
    10.2　不適合及び是正処置 ……………………………………… 269
    10.3　継続的改善 ………………………………………………… 271

索　　引　273

第1部

ISO 9001 要求事項
規格の基本的性格

1. ISO 9001 の 2015 年改訂

1.1 ISO 9001:2015 の発行

2015年9月23日，ISO（International Organization for Standardization：国際標準化機構）から，2000年の大改訂以降の品質マネジメントシステムに関する実践法及び技術の変化を考慮に入れ，今後10年以上にわたって安定して利用できる要求事項のコアセットを提供することを目的とする改訂版 ISO 9001:2015 が発行された．また，これに伴い，2015年11月20日には，ISO 9001:2015 をその技術的内容を変えることなく翻訳し，JIS（Japanese Industrial Standard：日本工業規格）の様式に関わる規定に従って作成された JIS Q 9001:2015 が発行された．

ISO 9000 ファミリー規格は，1987年3月に ISO によって発行された品質マネジメント及び品質保証のための一連の国際規格である．ISO 9000 ファミリー規格は，発行以来100か国以上で国家規格として採用されており，これまで ISO/IEC が発行してきた国際規格の中でも異例の存在である．また，中でも ISO 9001 は，品質マネジメントシステム認証制度（QMS 認証制度）における基準文書として用いられており，社会的に大きな影響力をもっている．日本においても，1991年に JIS として制定されて以来，JIS Q 9001 及びこれに基づく QMS 認証は，組織における品質マネジメントシステムの構築・見直し，取引における監査の簡素化，基準認証（強制認証）制度や分野固有の認証制度の一部として活用されるなど，広く普及・浸透している．

そのISO 9001が改訂されたことになる．しかも，前回の2008年の改訂が，2000年版ISO 9001の要求事項の技術的内容の同一性を厳密に維持したまま，要求事項の意図が誤りなく伝わるような明解な表現にすること，及び環境マネジメントシステムに対する要求事項を定めたISO 14001との整合性を高めることを目的として行われたものであったのに対し，今回の改訂は2000年の改訂以降に生じた品質マネジメントシステムやその認証を取り巻く状況の変化を考慮し，技術的内容が大幅に変更されている．

2000年の改訂以来，15年ぶりの大改訂であり，変更の内容及び意図を正しく理解し，自組織の品質マネジメントシステムをレベルアップする，QMS認証制度をより有効なものにする機会として捉え，真摯に対応することが求められている．

1.2 ISO 9000ファミリー規格の中におけるISO 9001:2015の位置付け

前述したように，ISO 9001:2015は，従来のものと比べて，その技術的内容が大幅に変更されている．ただし，規格の目的，タイトル，適用範囲などはISO 9001:2000やISO 9001:2008から変更されておらず，その位置付けを厳密に継承している．

ISO 9000ファミリー規格の中で重要な五つの規格の構成を表1.1に示す．この表の最初の三つの規格が，ISO 9000ファミリー規格の中でコアとなる規格である．これら三つの規格の基本的性格は，次のとおりである．

・ISO 9000:2015

品質マネジメントシステムの基本を説明し，関連する用語を定義する．今回の2015年改訂では，ISO 9000との同時発行を目指して開発が行われた．品質マネジメントの8原則が見直され，7原則に整理し直されたほか，ISO 9000ファミリー規格や関連する規格で使用されている広範囲な用語を定義している．

・ISO 9001:2015

組織が顧客要求事項及び適用される規制要求事項を満たした製品を提供する

1. ISO 9001 の 2015 年改訂

表 1.1　主な ISO 9000 ファミリー規格

ISO 9000:2015 (JIS Q 9000:2015)	Quality management systems—Fundamentals and vocabulary 品質マネジメントシステム—基本及び用語
ISO 9001:2015 (JIS Q 9001:2015)	Quality management systems—Requirements 品質マネジメントシステム—要求事項
ISO 9004:2009 (JIS Q 9004:2010)	Managing for the sustained success of an organization—A quality management approach 組織の持続的成功のための運営管理—品質マネジメントアプローチ
ISO 19011:2011 (JIS Q 19011:2012)	Guidelines for auditing management systems マネジメントシステム監査のための指針
ISO/IEC TS 17021-3:2013 (JIS Q 17021-3:2014)	Conformity assessment—Requirements for bodies providing audit and certification of management systems—Part 3: Competence requirements for auditing and certification of quality management systems 適合性評価—マネジメントシステムの審査及び認証を行う機関に対する要求事項—第 3 部：品質マネジメントシステムの審査及び認証に関する力量要求事項

能力をもつことを実証することが必要な場合，並びに顧客満足の向上を目指す場合の，品質マネジメントシステムに関する要求事項を規定する．

・ISO 9004:2009

ISO 9001 で規定される要求事項を超えて，複雑で，過酷な，刻々と変化する環境の中で，組織が品質マネジメントアプローチによって持続的成功を達成するための運営管理の指針を与える．組織の持続的成功は，顧客及びその他の利害関係者のニーズ及び期待を満たす組織の能力によって担保され，組織環境の認識，学習並びに改善及び／又は革新の適切な適用によって達成できるという考え方に基づいており，組織のマネジメントシステムの成熟度をレビューし，レベルアップを図るための自己評価ツールを含んでいる．

上記以外の重要な規格としては，ISO 19011 と ISO/IEC TS 17021-3 がある．ISO 19011 は，当初，品質マネジメントシステムの監査の指針 ISO

10011-1〜10011-3 として定められていたが，ISO/TC 176（品質マネジメント及び品質保証）と ISO/TC 207（環境マネジメント）との合同作業グループによって改訂・統合が進められ，2002 年に品質及び／又は環境マネジメントシステム監査の指針として発行された．また，この ISO 19011 は，その後，マネジメントシステムの第三者認証を行う機関に対する要求事項を定めた規格 ISO/IEC 17021:2006 の発行（2011 年に改訂），及びマネジメントシステム認証に関わる要員に対する具体的な要求事項を定めた補足規格の開発審議に伴い（ISO/IEC TS 17021-3 など），第三者認証への適用を除く監査一般に適用される指針として改訂作業が進められ，改訂版が 2011 年に発行された．

1.3 ISO 9001 の 2015 年改訂の意味するもの

前節で述べたような位置付けをもった ISO 9001 は必ずしも QMS 認証制度だけで用いられているものではないが，両者の結び付きは強く，ISO 9001 の改訂の意味を正しく捉えるには，QMS 認証制度の社会的価値やその運用の難しさを理解しておく必要がある．

認証制度とは，一般に，適合認証（Conformity Certification）の実施について，手続き及び運営に関する独自の規則をもつ制度である．ここでいう適合認証とは，規格に定められた内容に合致しているかどうかを評価し，満足すべき場合にはそのことの証明を与えることを指す．適合認証の対象には様々なものが含まれるが，主なものとしては，製品及びサービスの性質や性能を対象とする製品及びサービス認証制度，製品及びサービスを提供する組織のマネジメントシステムを対象とするマネジメントシステム認証制度などがある．また，適合認証の形態としては，製品及びサービスの提供者が自ら評価・宣言する，顧客（購入者，利用者）が行う，直接の利害関係のない第三者機関が行うなどがある．さらに，第三者機関により認証されると，証明書の発行や一覧表への登録が行われ，そのことを示すマークを製品やパンフレットなどに表示することが認められるのが普通である．QMS 認証制度は，第三者によるマネジメントシステム認証の一つである．QMS 認証制度の基本的なフレームワークを図

1. ISO 9001 の 2015 年改訂

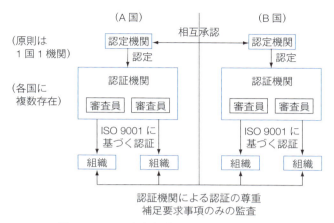

図 1.1　QMS 認証制度のフレームワーク

1.1 に示す．適切な権限をもつ認定機関（Accreditation Body）によって認められた，提供者でも顧客でもない認証機関（Certification Body）が提供者の品質マネジメントシステムを審査し，ISO 9001 の要求事項に適合している場合にはそのことを示す証明書を発行し，購入者・利用者はその結果を信頼するというのが基本的な考え方である．

　QMS 認証の社会的価値は大きく三つある．第一の価値は，顧客に対して購入しようとしている製品及びサービスの品質に対する情報を提供し，顧客が製品及びサービスを正しく選べるよう支援することである．これは，外観だけでは製品及びサービスの品質が判定できない場合に特に重要である．生産・提供の仕方や品質管理の仕組みを含めてあらかじめ定められた標準に合っているかどうかを評価し，そのことを示すマーク・証明書を示すことで，顧客が簡単に製品及びサービスの品質を判断し，安心して購入できるようになる．

　QMS 認証がもつ第二の価値は，組織に対して，認証の取得・維持のための活動を通じて，よりよい品質を達成し，効果的な品質管理の仕組みを確立する機会を提供することである．特に，認証が優秀な企業であることの証として社会的に認められ，取引の成功と密接に結び付いている場合には，組織に対して様々な困難を乗り越えて品質管理に取り組む強い動機付けとなる．

QMS認証がもつ第三の価値は，顧客と組織の双方にとって，製品及びサービスの取引を始めるに際して必要となる監査等の手間を省くことができるようになることである．これは，取引のグローバル化が進んでいる今日においては重要である．

　ただし，ここで注意しなければならないのは，第二及び第三の価値は，第一の価値と切り離して存在し得るものではないことである．QMS認証が顧客に対して第一の価値を提供するものでなければ，QMS認証が製品及びサービスの取引とは無関係なものとなり，組織にとってその取得に向けて努力して取り組む必要のないものとなる．

　このような狙いをもって運用されてきたQMS認証制度であるが，その状況を見ると，認証を受けた組織の間で提供する製品及びサービスの品質が大きく異なっていることに気づく．認証の第一の価値からすれば，認証を受けた複数の組織の間で，製品及びサービスの品質に何らかの意味で同等性が期待できなければならない（あるレベルを下回らない，ある割合で向上しているなど）．しかし，実際には，認証を受けた組織の中には，顧客の期待よりレベルが低い組織，向上の見られない組織が含まれている．また，認証を受けた組織の中には，社会から非難されるような事故や不祥事を起こし，継続的な取引が困難となっているところもある．結果として，QMS認証の価値についての疑問の声が，顧客，認証を受けた組織，認証に携わる関係者などから聞かれるようになっている．

　上で述べたような状況が生じる背景には，要求事項が明示的に書かれていないために，その理解が人によって異なることがある．加えて，適合していることの確証をもてなければ不適合とすべきところ，積極的に不適合とすべき情報がないことを理由に適合とする認証機関・認証審査員がいることも影響している．したがって，これを解決するには，認証制度そのものの改善は当然として，そのベースとなっているISO 9001の内容の見直しが必要となる．今回のISO 9001の改訂はこのような背景の中で検討されたものであることを理解しておく必要がある．

2. ISO 9001 の改訂審議

2.1 会議開催状況

ISO 規格は，各国の ISO 加盟組織（日本の場合には，日本工業標準調査会）から派遣された専門家で構成され，それぞれの専門分野を担当する TC（Technical Committee：専門委員会）によって開発される．開発のプロセスは，ISO/IEC 専門業務用指針（ISO/IEC Directives）よって図 1.2 のように定められている．

図 1.2　ISO 規格の制定プロセス
（出典：日本工業標準調査会，http://www.jisc.go.jp/international/iso-prcs.html）

ISO 9000 ファミリー規格は，TC 176（Quality Management and Quality Assurance：品質マネジメント及び品質保証）が担当している．TC 176 には三つの SC（Subcommittee：分科会）が設けられている．SC 1 は TC 176 で用いられる用語の定義を担当しており，SC 2 は ISO 9001 などの品質マネジ

メントシステム規格の開発を担当している．SC 3 は品質マネジメントシステム規格を運用する上で必要となる支援技術規格の開発を担当している．今回のISO 9001 の改訂作業は，ISO/TC 176/SC 2 の下に設けられた WG（Working Group：作業グループ）24 において，2000 年版や 2008 年版の規格作成時と同様，プロジェクトマネジメント方式で進められた．

表 1.2 に，関連する会議の開催状況及び主な作業内容，並びに作業の過程で作成された作業文書及び規格案を示す．この表に記されているポイントとなる報告書・文書・議決等の詳細については，本書と同時発行の『ISO 9001 新旧

表 1.2 ISO 9001 の 2015 年改訂に関わる会議開催状況，主な作業内容及び回付文書

時　期	開催会議	会議開催場所	主な作業内容及び回付文書
2008 年 5 月	第 33 回 TC 176/SC 2	ノビサド（セルビア）	・2008 年改訂版が FDIS 段階に進む． ・将来の改訂版に組み込むための概念とアイデアを検討するタスクグループ編成
2009 年 2 月	第 34 回 TC 176/SC 2	東京（日本）	・改訂版に組み込む概念とアイデアの検討
2010 年 6 月	第 35 回 TC 176/SC 2	ボゴダ（コロンビア）	・改訂版に組み込む概念とアイデアの検討 ・規格ユーザの意見を調査するタスクグループ編成
2010 年 10 月〜2011 年 2 月	—	—	・オンラインによる規格ユーザ調査（122 か国から 11,722 件の回答を得る）
2010 年 12 月	第 36 回 TC 176/SC 2	シドニー（オーストラリア）	・改訂版に組み込む概念とアイデアの検討（2011 年 4 月最終報告書） ・規格ユーザ調査結果の検討（2011 年 7 月最終報告書）
2011 年 10 月〜2012 年 3 月	—	—	・ISO 9001:2008 の定期見直し投票 ・改訂・追補 34／確認 22（廃止 0，棄権 3）

2. ISO 9001 の改訂審議　　　　　　　　　　　　　　23

表 1.2　（続き）

時　期	開催会議	会議開催場所	主な作業内容及び回付文書
2011 年 10 月	第 37 回 TC 176/SC 2	北京（中国）	・2015 年改訂版を検討する WG 24 を編成
2012 年 6 月	第 1 回 SC 2/WG 24	ビルバオ（スペイン）	・新規作業項目提案（NWIP）の作成 ・設計仕様書，日程計画，N 1090 等
2012 年 6–10 月	―	―	・NWIP の投票 ・賛成 46／反対 10（棄権 8）
2012 年 11 月	第 38 回 TC 176/SC 2 第 2 回 SC 2/WG 24	サンクトペテルブルグ（ロシア）	・作業原案（WD）作成
2013 年 3 月	第 3 回 SC 2/WG 24	ベロオリゾンテ（ブラジル）	・WD に対する約 1,300 件のコメントの審議 ・委員会原案（CD）作成
2013 年 6–9 月	―	―	・CD の投票 ・賛成 51／反対 11（棄権 3）
2013 年 11 月	第 39 回 TC 176/SC 2 第 4 回 SC 2/WG 24	ポルト（ポルトガル）	・CD に対する約 3,000 件のコメントの審議 ・国際規格原案（DIS）の作成
2014 年 3 月	第 5 回 SC 2/WG 24	パリ（フランス）	・コメントの審議と DIS の作成
2014 年 7–10 月			・国際規格原案（DIS）の投票 ・賛成 64／反対 8（棄権 1）
2014 年 11 月	第 7 回 SC 2/WG 24	ゴールウェイ（アイルランド）	・DIS に対する約 3,000 件のコメントの審議
			・最終国際規格案（FDIS）の作成
2015 年 2 月	第 8 回 SC 2/WG 24	ヴィルニュス（リトアニア）	・コメントの審議と FDIS の作成
2015 年 7–9 月	―	―	・FDIS の投票
			・賛成 80／反対 0（棄権 5）
2015 年 9 月	―	―	・ISO 9001:2015 発行

規格の対照と解説』(日本規格協会,2015) で詳しく解説するが,ここでは,ISO 9001:2015改訂版の性格を理解する上で重要となる審議の流れと審議された項目のみを解説する.

2.2 定期見直し

2008年5月にセルビアのノビサドで開催されたISO/TC 176/SC 2総会において,ISO 9001の2008年改訂版がFDIS (最終国際規格案) 段階に進むことが決まり,2000年版の技術的な内容が変更されないことが確実になった.これを受けて,ISO 9001の将来の改訂版に組み込むための概念とアイデアを検討するタスクグループが設置された.多くの概念が集められ,2011年4月に最終報告がまとまった.この報告書には,将来考慮すべき18の品質マネジメント概念(組織の財務資源,コミュニケーション,時間・スピード・機敏さ,品質マネジメント原則,事業経営実践法との連携,リスクに基づく考え方,ライフサイクルマネジメント,計画する・委託する・作る・引き渡す,製品適合性の重視,組織の多様な顧客の明確化及び区別,プロセス革新,インフラストラクチャの保全,プロセスマネジメント,ナレッジマネジメント,力量,品質ツール,QMSの構造と他のマネジメントシステム規格との関係,情報マネジメントにおける技術と変化の影響) が説明されている.

また,2010年6月にコロンビアのボゴタで開催されたSC 2総会では,SC 1も加わり,規格ユーザの意見を調査するタスクグループが設置された.世界中から約11,700の回答を得て,2011年7月に最終報告がまとまった.規格ユーザの意見として,

— 認証と連携して品質マネジメントシステムの有効な実施に取り組む必要がある
— リスクマネジメント,財務管理,変更管理,外部委託などを含めることが求められている
— 製品実現,検証・妥当性確認,設計・開発を明確にする
— ソフトウェアやサービス業に適用しにくい

ことなどが示された．

　2011年10月に，ISO 9001:2008の定期見直し（Systematic Review，5年に一度行うことになっている）が開始された．ISO/IEC専門業務用指針に定められた方法・手順により，現行規格を廃止するか，確認する（何ら変更を加えずそのまま延長する）か，改訂・追補（何らかの変更を行う）かについて，各国に投票が求められた．形式的に思えるかもしれないが，ISO 9001を端緒とするマネジメントシステム規格の隆盛にあって，無用な規格の増殖を牽制する意味でこのような手続きを踏んでいる．

　2012年3月に投票が締め切られ，廃止0，確認22，改訂・追補34（棄権3）で改訂することに決まった．このように僅差になったのは，ISO 9001がQMS認証の基準になっており，規格が改訂されると，認証を受ける組織，認証機関などで改訂に対応するための膨大な工数が必要になるという考えと，認証制度の価値を維持し続けるためには技術的な内容の見直しが必要だという考えがぶつかった結果といえる．

　この結果をもとに，改訂となった場合に備えて2011年10月のSC 2北京総会で行われた議決に従って，WG 24が編成された．議長はSandy Sutherland氏（英国）が務めることになり，各国から2名以内の専門家が参加することになった．日本からは，須田晋介氏［(株)テクノファ］と山田秀（筑波大学）が参加した．各国や関係機関，専門家の関心も高く，リエゾンメンバーを含めると，約100名のWGである．

2.3　規格の仕様書

　2012年6月に，WG 24の第1回会議がスペインのビルバオで開催され，ISO 9001改訂の設計仕様書（Design Specification，以下，仕様書という），日程計画（Project Plan），これらを踏まえたNWIP（New Work Item Proposal：新業務項目提案）が検討された．

　ビルバオ会議の開催に先立っては，日本，カナダ，イタリアなどの国からPosition Paper（会議に臨む考え方を明確にするための文書）が提出された．

日本からは，
  —製品及びサービスの質を示すパフォーマンス尺度に関わる計画，実施，チェック，改善についてのより明確な要求事項の追加
  —事故や不祥事の主な原因となっている人的側面（知識・スキル不足，意図的な不遵守，意図しないエラーなど）のマネジメントに関するより明確な要求事項の追加
  —製品及びサービス及びその提供に関わる固有技術の獲得・向上に関するより明確な要求事項の追加

の3点を提案した．最初の項目は，2008年改訂の際にも"Output Matters"として問題となったものである（具体的な改訂案が検討されたものの，要求事項の内容を変えないという決定に基づいて見送られた）．また，残りの二つは，1.3節で述べたようなQMS認証制度の状況を踏まえたものである（QMS認証を取得した組織が起こした様々な事故や不祥事の内容を調査した結果，これら2項目に起因するものが多いことがわかった）．

　規格の開発の初期に仕様書を書くという方法は，TC 176では2000年改訂のときから採用されている．ISO規格の作成は，NWIPの投票が行われ，承認が得られると，TC又はSCの下に新たなWGが結成され，ここで検討が行われることが多い．ただし，NWIPにはどのような規格を開発するかの記述はあるものの概要だけであるため，担当WGが作業を進めるうちに，当初の提案内容とはかなり異なる規格が作成されることもある．実際，TC 176におけるISO 9001の1994年改訂では，当初の計画を上回る変更がなされた．この反省から，2000年改訂のときには，これから開発する規格の仕様書を作成した．また，2008年改訂のときには，仕様書の変更手続きを厳格化した．

　WG 24によって作成された仕様書には，改訂の戦略的な意図・目的，改訂プロセスに対する要求事項，規格作成のインプットとなる情報，重要課題についての背景・指針などが示されている．このうち，改訂の戦略的な意図・目的については，
  —適合製品及びサービスを提供する組織の能力についての信頼（confi-

dence）を向上させるようにする

—顧客を満足させる組織の能力を向上させるようにする

—顧客の ISO 9001 に基づく QMS についての信頼を向上させるようにすることが明記された．また，原則として規格の目的，タイトル，適用範囲などは変更しないこと，"ISO/IEC 専門業務用指針，第 1 部　統合版 ISO 補足指針—ISO 専用手順，附属書 SL"（ISO/IEC Directives, Part 1 Consolidated ISO Supplement—Procedure specific to ISO, Annex SL）に従うこと，プロセスのマネジメントに重点を置くことは変えないこと，プロセスアプローチに関するより明確な記述を含めることなども規定された．

附属書 SL とは，2006 年から 2011 年にかけて，TC 間の調整を行う ISO/TMB（技術管理評議会）において，様々なマネジメントシステム規格の整合を図るためにどうしたらよいかということが検討され，定められたものである．この附属書には，規格開発の手順だけでなく，従うべき共通の構造，使用すべき共通のテキスト・定義が規定されている．2008 年改訂のときは，品質マネジメントを扱った ISO 9001 と環境マネジメントを扱った ISO 14001 の間の整合を図るための努力がなされた．しかし，2005 年に ISO 22000（食品安全マネジメント）と ISO/IEC 27001（情報セキュリティマネジメント）が発行され，2011 年に ISO 50001（エネルギーマネジメント）が発行された結果，これら多くのマネジメントシステム規格の整合を図ることが求められるようになった．この具体的な解決策として考えられたのが附属書 SL である．したがって，これに従うということは，他のマネジメントシステム規格の整合を図るということである．なお，附属書 SL に従って最初に開発されたのは，道路交通安全マネジメントシステムに対する要求事項を定めた ISO 39001:2012 である（この規格では附属書 SL が厳密に守られている）．

日程計画については，2013 年 3 月 WD（Working Draft：作業原案）完成，2013 年 6 月 CD（Committee Draft：委員会原案）投票，2014 年 5 月 DIS（Draft International Standard：国際規格原案）投票，2015 年 7 月 FDIS 投票，2015 年 9 月 ISO 発行と定められた．これは最短で進んだ場合を想定した

ものであった．結果は，ほぼこのとおりの日程で改訂作業が行われた．

ビルバオ会議の後，2012年6月から10月にかけてNWIPの投票が行われた．NWIPには，上記の設計仕様書や日程計画のほか，附属書SL妥当性評価（Annex SL Justification Study），ISO 9001:2008の要求事項を附属書SLに定められた共通の構造・テキスト・定義に従って書き直した文書（ISO/TC 176/SC 2 N1090）などが付された．附属書SL妥当性評価というのは，附属書SLに定められた質問（規格ユーザのニーズに合ったものか，付加価値を提供するものか，多様なマネジメントシステム規格との両立性が維持されるかなど）への回答をまとめたものである．結果は，賛成46，反対10（棄権8）となり，WG 24によるWDの作成が始まった．

2.4　WDの作成

2012年11月にロシアのサンクトペテルブルグでTC 176やTC 176/SC 2の総会と同時に開催されたWG 24の第2回会議では，WD作成に当たってのWGとしての基本的な方針が合意された．先に述べた将来考慮すべき18の品質マネジメント概念については，

　—WDに組み込む項目：リスクに基づく考え方，製品適合性の重視，組織の多様な顧客の明確化及び区別，プロセスマネジメント，インフラストラクチャの保全，力量，QMSの構造と他のマネジメントシステム規格との関係

　—状況によっては組み込む項目：コミュニケーション，時間・スピード・機敏さ，品質マネジメント原則，事業経営実践法との連携，ライフサイクルマネジメント，計画する・委託する・作る・引き渡す，プロセス革新，ナレッジマネジメント，情報マネジメントにおける技術と変化の影響

　—考慮しない項目：組織の財務資源，品質ツール

の三つに分けて扱うことになった．また，ユーザ調査の結果は重要なインプットの一つであるとしながらも，回答者情報が乏しい，直接的な改善につながりにくいという否定的な声もあったため，その取扱いはWDの各パートを作成

する担当グループに委ねることになった．さらに，2008年改訂の際に要求事項の内容を変更しないことに決めたために反映できなかった意見については，詳細を検討する際のインプットとすることになった．

WD作成の具体的な作業は，
—第1グループ：箇条4（組織の状況），箇条5（リーダーシップ）
—第2グループ：箇条6（計画），箇条7（支援）
—第3グループ：箇条8（運用）
—第4グループ：箇条9（パフォーマンス評価），箇条10（改善）

の四つに分かれて行うことになった．また，全体の統括を行う調整グループも設けられた．各グループでは，ISO 9001:2008の要求事項を附属書SLに定められた共通の構造・テキスト・定義に従って書き直した文書（ISO/TC 176/SC 2 N 1090）を基に，逐条審議が行われた．

サンクトペテルブルグの会議の後，調整グループによって各グループが作成した草案が一つにまとめられ，WDの第1版が出来上がった．また，これに対するWGメンバーからのコメントが集められた．2013年3月にブラジルのベロオリゾンテで開かれた会議では，集まった約1,300件のコメントの審議が行われ，WDの第2版が完成した．自分のグループが担当しなかった箇条の内容を十分把握していないため，CD段階に進むのは早急すぎるとの意見もあったが，WG内の議論では同じような繰り返しになるため，より広い範囲のSC 2メンバー国よりコメントをもらい議論したほうがよいということになり，CD段階に進むことになった．

2.5 審議における主な論点

2012年11月のサンクトペテルブルグ会議から2015年2月のヴィルニュス会議まで様々な議論が重ねられたが，主なものは以下のとおりである．
—附属書SLに厳密に従うか，逸脱を認めるか
—サービス分野への配慮
—適用除外を認めるか認めないか，全ての条項を適用除外の対象とするか

—プロセスアプローチについての記述

—リスクに基づく考え方とリスクマネジメント

—外部委託の取扱い

—新たな要求事項の追加とその表現

—文書や記録に対する要求事項の削減

—注記，附属書（参考），他の規格の引用などの取扱い

(1) 附属書SLに厳密に従うか，逸脱を認めるか

仕様書には附属書SLに従うことが明記されており，WG 24の方針としても，原案作成に当たって附属書SLに定められた共通の構造・テキスト・定義を使用する最大限の努力をすることが決まっていた．しかし，具体的な議論の場面では，附属書SLと異なった表現をすることが提案されることが多かった．これは，他のマネジメントシステム規格と整合を図るよりも品質マネジメント分野に合った表現にしたいという思いが現れた結果といえる．また，TC 176においては，今回が附属書SLに沿った規格の開発が初めての経験だったこと，同時期にTC 207で行われていたISO 14001の改訂作業において，多くの逸脱が検討されていたことも影響したと考えられる．

主な逸脱の一つは，本来は"quality performance"（品質パフォーマンス）という表現にするべきところを，"performance"（パフォーマンス）又は"performance and effectiveness of quality management system"（品質マネジメントシステムのパフォーマンス及び有効性）に置き換えたことである．これは，environmental performance（環境パフォーマンス）やsafety performance（安全パフォーマンス）に比べて，quality performanceが何を指しているのかが曖昧なことによる．2008年の改訂では"effectiveness of quality management system"という表現が問題視され，製品及びサービスの品質やプロセスの質がより重要であるという議論が行われたわけだが，2015年の改訂では，これら全てを包含する概念として"performance and effectiveness of quality management system"という表現を用いることになった．

もう一つの逸脱は，"outcome"（成果）を"result"（結果）又は"output"（ア

ウトプット)に置き換えたことである．これはスペイン語において"outcome"に対応する訳語がないこと，似たような意味の言葉が3種類もあるのは好ましくないという判断があったことによる．また，"人々が認識をもたなければならない"という表現を"人々が認識をもつことを確実にしなければならない"と修正している．さらに，"組織内（within）"を"組織全体（throughout）"に変えている箇所もある．これらは，内容を変えたというより，表現をなじみやすいものにしたと捉えるのがよい．

さらに，一部の"continual improvement"（継続的改善）の"continual"（継続的）を削除した．これは ISO 9000:2015 に組み込まれた QMP（Quality Management Principle：品質マネジメントの原則）の検討において，"continual improvement"を"improvement"に変更することが決まっていたことによる．また，"quality objectives"（品質目標）に関する"measurable (if applicable)"という表現が問題となり，"(if applicable)"を削除した．これらは，文言としては附属書 SL の一部を削除しているため，逸脱ということになるが，内容としては要求事項を追加・強化するものである．

その他，"risks and opportunities"（リスク及び機会）を"opportunities and risks"に置き換えるという提案もなされた．ただし，これについては，品質マネジメントや品質保証においてはリスクへの対応が重要という意見が多く，そのままとなった．また，"risk"の定義を附属書 SL の定義"effects of uncertainty"（不確かさの影響）とするか，ISO 31000:2009（JIS Q 31000:2009，リスクマネジメント―原則及び指針）の定義"effects of uncertainty on objectives"（目標に対する不確かさの影響）と合わせるかどうかで議論が分かれたが，最終的には附属書 SL に従うことになった．

以上のような幾つかの表現上の逸脱が行われたものの，要求事項の内容に関する変更・削除は一切行われなかった．

(2) サービス分野への配慮

継続性の観点から ISO 9001:2008 の表現はできるだけそのまま残すことになったが，ユーザ調査での"ソフトウェアやサービス業に適用しにくい"とい

う意見を受けて,これらの分野にも受け入れやすい表現を用いることについて議論になった.

一つは,"products"(製品)がサービスを含んでいることがわかりにくいので"goods and services"(財及びサービス)に置き換えようという意見と,"product"は"output of process"と定義されているように顧客とプロセスをつなぐ重要な用語であり変えるべきでないという意見がぶつかった.一旦はWG 24で"goods and services"にすることが決まったが,SC 2総会で問題提起があり,書面投票の結果,"products and services"(製品及びサービス)にすることに決まった.ただし,その後,"product"が"service"を含む概念だと論理的に矛盾するという意見があり,"product"の定義を"service"を含まないように変更することになった.最初は,"tangible"(有形)と"intangible"(無形)で分ける案もあったが,最終的には,"組織と顧客との間の"transaction"(処理・行為)なしに生み出すことができるもの"ということで決着がついた.

また,"design"(設計)という言葉がサービス業になじまないということで,"design and development"(設計・開発)を"development"(開発)に置き換える,"design review"(デザインレビュー)や"validation"(妥当性確認)などの用語を使用しない,設計・開発に関する要求事項を簡素化することが議論された.これに対しては,製造分野の人を中心に,品質保証ができない,サービスにおいても"design"は重要であるとの反対が行われ,用語の置き換えや削除を行わないことになった.ただし,設計・開発の要求事項については,2008年版に比べて表現が簡素化されている.

そのほか,"作業環境"を"プロセスの運用に関する環境"に,"監視機器及び測定機器"を"監視及び測定のための資源"に変更している.

(3) 適用除外を認めるか認めないか,全ての条項を適用除外の対象とするか

1987年版及び1994年版では,a)設計・開発,製造,据付け及び付帯サービスにおける品質保証の要求事項を定めたISO 9001,b)製造,据付け及び付帯サービスにおける品質保証の要求事項を定めたISO 9002,c)最終検査・試

験における品質保証の要求事項を定めた ISO 9003 の三つが用意されていた．また，認証を受けようとする品質マネジメントシステムの範囲（Scope）は申請側が自由に設定できた．

これに対し，2000 年の改訂では，単純化を図るために ISO 9001 に一本化し，該当する機能・プロセスがない場合には要求事項を"exclusion"（除外）することになった．ただし，特定の機能・プロセス，例えば，設計・開発などを行っているにもかかわらず，恣意的にこの部分を外して認証を受けることは適切でないため，顧客要求事項に適合する製品及びサービスを提供する上で必要な品質マネジメントシステムの機能・プロセスは，全てその適用範囲（Scope）内に入れることになった．"適用したくない"から除外するのではなく，"該当する機能・プロセスがない"から，除外するのである．適用除外は，ISO 9001 のどのレベルの要求事項について実施してもよい．また，適用除外するときには，品質マニュアルに除外事項を記述するとともに，その理由・根拠（製品及びサービスを品質保証する組織の能力に影響しない理由・根拠）を記述しなければならない．

上記のような経緯で導入された適用除外であるが，実際の認証においては，その意図が適切に理解されず，顧客の要求事項を実現する上で設計・開発が重要な役割を占めているにもかかわらずその部分を適用除外としているケース，外部委託している機能を品質マネジメントシステムの外部にあるとして適用除外するケース，該当する機能・プロセスがないのに除外する範囲が明確になっておらず，実際より広い範囲の品質マネジメントシステムであるかのように見えるケースなどの問題が生じていた．

このため，ユーザ調査では，1987 年版や 1994 年版と同様の形に戻すことを含めて意見を聞いたが，否定的な回答が多かった．適用除外を設けないという選択肢もあったが，要求事項に対応する業務を行っていない組織に適用できないことになるため，採用されなかった．また，2000 年版や 2008 年版と同様，適用除外できる要求事項を，製品及びサービスを実現するプロセスの"運用"に関する要求事項（箇条 8）に限ることについては，該当する業務がある

かどうかで個別に判断すればよいということで，限定しないことになった．

最終的には，意図的に除外できるような誤解を与える可能性のある表現"exclusion"を用いないことで決着した．外部及び内部の課題，関連する利害関係者のニーズ及び期待，提供している製品及びサービスなどを考慮してISO 9001を適用する組織の範囲を規定し，その上で，適用可能な要求事項を全て適用しなければならないこと，要求事項のいずれかが適用できない場合に，要求事項を適用しないことが製品及びサービスの適合を確実にする組織の能力又は責任に何らかの影響を及ぼしてはならないことを明確にした．

(4) リスクに基づく考え方とリスクマネジメント

リスクに基づく考え方（Risk Based Thinking）は附属書SLにも組み込まれており，これを導入することは当初から合意が得られていた．ただし，ISO 31000で定められているような，より公式のリスクマネジメントを求めたい（例えば，文書化など）という意見，個々の要求事項の中に"risk"（リスク）というキーワードを入れたいという意見などがあり，どこまでを要求事項とするかで議論が分かれた．

WDの段階では，要求事項の中に"risk"という用語が30か所近く現れるという状況もあったが，リスクマネジメントを求めるのでなくリスクに基づく考え方を要求する，マネジメントシステムに対する一般的な要求事項（4.4）の中でリスク及び機会への取組みを求め，その具体的な内容をリスク及び機会への取組みに関する要求事項（6.1）で規定する，その他の部分ではこれを補完する程度にとどめる，という原則で簡素化が図られた．

なお，リスクに関する議論においては，附属書SLにおけるリスクの定義が期待されているものから好ましくない方向へ外れることだけでなく，好ましい方向へ外れることも含んでおり，品質保証分野での一般の用法と異なっていることが問題となった．最終的には，附属書SLの定義に従った上で，"好ましくない結果となる可能性しかない場合に使われることがある"という注記を追加することになった．

2. ISO 9001 の改訂審議

（5） プロセスアプローチについての記述

プロセスアプローチに対する理解が不足しているという認識があり，プロセスアプローチを促進する要求事項を含めることは早い時期から合意されていた．どのように記述するかが議論となり，マネジメントシステムに対する一般的な要求事項を述べた 4.4 でまとめて記述し，他の部分については重複を避けることになった．なお，当初は，当該箇条のタイトルに"プロセスアプローチ"という用語を含めていたが，理解が曖昧な用語を要求事項の中で使用することに対する反対があり，削除することになった．

また，マネジメントシステムだけでなく，製品及びサービスを実現するプロセスの"運用の計画及び管理"（8.1）においてもプロセスアプローチが必要という意見が多く，ここにも関連する要求事項が追加された．

（6） 外部委託の取扱い

附属書 SL には"outsource"（外部委託）が用語として定義されており，外部委託されたプロセスは組織のマネジメントシステムの一部であることが明記されていた．これに対して，製品及びサービスを外部から調達する場合と，プロセスを外部委託する場合を区別せずに，"外部から提供されたプロセス，製品及びサービス"に対する要求事項として一括して書くほうがよいという意見も強く，議論が分かれた．

最終的には，"外部から提供されたプロセス，製品及びサービス"に対する要求事項（8.4）として一本化された（外部委託されたプロセスについても，8.4 に沿って管理することを要求）．ただし，8.4 の要求事項の中においては，"外部提供者に外部委託した組織のプロセス又は機能は，組織の品質マネジメントシステムの適用範囲内にとどまる"ことが明記されている．

（7） 新たな要求事項の追加とその表現

将来考慮すべき 18 の概念の中に"ナレッジマネジメント"が含まれていたこともあり，日本から提案した，製品及びサービス及びその提供に関わる固有技術の獲得・向上に関するより明確な要求事項については，多くの議論があったものの，重要な要素としてその追加が合意された（7.1.6 として追加）．議論

が生じた主な理由は，その内容についての解釈が人によりばらついていたことによる．当初，"knowledge"（知識）とされたが，個人の知識と紛らわしいということで，"organizational knowledge"（組織の知識）という表現になった．ただし，これでも内容がわかりにくいということで，注記を付けることになった．なお，獲得した知識の活用や継続的改善を通した知識の獲得に関する，より明示的な要求事項を追加することについては合意が得られず，見送られた．

他方，日本からのもう一つの提案である，事故や不祥事の主な原因となっている人的側面（知識・スキル不足，意図的な不遵守，意図しないエラーなど）のマネジメントに関するより明確な要求事項については，意見が分かれた．理由は，重要であるという認識がある一方，マネジメントシステムとしてどう管理するのかについての理解が進んでいないことが大きかったと思われる．また，知識・スキル不足については既に他の要求事項でカバーされているという指摘もあった．追加と削除の間を揺れ動いたが，最終的には意図しないエラーに絞ってその防止に関する考慮を求めることになった（8.5に追加）．

変更の管理についても，要求事項を追加・補強することが合意された．ただし，変更の管理に関する記述が複数の箇所に分散していること，要求事項の表現の仕方について議論が行われた．最終的に，マネジメントシステムの変更の計画（6.3），運用に関する変更の管理（8.1），製品及びサービスの設計・開発段階で生じた変更の管理（8.3.6），製造及びサービス提供段階で生じた変更の管理（8.5.6）に分けて記述し，それぞれについてはできる限り簡潔に表現することになった．

(8) 文書や記録に対する要求事項の削減

文書や記録については，"procedure"，"document"，"manual"，"record"など様々な表現ができるが，附属書SLで用いている"documented information"（文書化された情報）で統一することになった．

文書化された情報に関する要求事項が多いと感じられている一方，認証審査の場面では文書化された情報がなければ適合性を確認できないという認識があり，意見がぶつかった．議論の結果，基本的には，減らす方向で検討を行うこ

2. ISO 9001 の改訂審議

とになった．品質マニュアルについては，マネジメントシステムの全体像（プロセス間の関連性）を示すという意味で必要という意見もあったが，4.4 やそれ以降の個別の箇条 5〜8 において要求されているという意見が多く，削除することになった．また，新たに追加された要求事項であるリスクへの対応や変更の計画についても，文書化された情報を要求するかどうかで意見が分かれた．最低限のものは求めたいという意見と，アクションの要求だけで十分という意見の対立である．結局，基本的なものにとどめるということになり，文書化の要求はしないことになった．なお，設計・開発に関する文書化の要求についても削除が検討されたが，これについては他と重要性が異なるという意見が多く，そのまま残された．

（9） 注記，附属書（参考），他の規格の引用などの取扱い

注記や附属書（参考），他の規格の引用などは，単独で使用できる規格となるようにするという考えから，できるだけ削除する方向で検討が行われた．ただし，新しい概念など，削除することが適切でないと考えられるものは残した．

2.6 ISO 9000 ファミリー規格・支援文書の審議

ISO 9001 の 2015 年改訂の位置付けのより一層の理解のために，ISO/TC 176 が作成してきた ISO 9000 ファミリー規格及び支援文書（表 1.1 掲載の 5 規格，旧版のための支援文書を除く）の規格開発状況を表 1.3 に示しておく．

重要な規格としては，ISO/TS 9002 がある．ISO 9001 の 1994 年版については，適用に関するガイドとして ISO 9000-2:1997 が定められていたが，中小企業のためのハンドブックの発行と普及，ISO 9001 の 2000 年改訂を受けて廃止された．しかし，ハンドブックは ISO 規格でないために入手が容易でない国もあるという問題提起があり，議論になった．中小企業のためのハンドブックとの重複，ISO/TS 9002 と中小企業のためのハンドブックを同時に発行するために必要な工数の不足を理由に反対する意見もあったが，最終的には投票を行い，両方を開発することになった．2014 年 6 月にアイルランドのダブリンで開催された WG 24 会議で基本的な方針が決定し，WD が作成され

表 1.3 ISO 9000 ファミリー規格の開発状況
(表 1.1 掲載の 5 規格を除く,2015 年 9 月現在)

ISO 規格番号 (JIS 規格番号)	規格名称	備　考
ISO/TS 9002	品質マネジメントシステム―ISO 9001 適用の指針	WG24 によって開発が進められている.
ISO 10001:2007 (JIS Q 10001:2010)	品質マネジメント―顧客満足―組織における行動規範のための指針	
ISO 10002:2014 (JIS Q 10002:2015)	品質マネジメント―顧客満足―組織における苦情対応のための指針	
ISO 10003:2007 (JIS Q 10003:2010)	品質マネジメント―顧客満足―組織の外部における紛争解決のための指針	
ISO 10004:2012	品質マネジメント―顧客満足―監視及び測定に関する指針	
ISO 10008:2013	品質マネジメント―顧客満足―企業・消費者間電子商取引の指針	
ISO 10005:2005	品質マネジメントシステム―品質計画書の指針	2015 年改訂に伴い,見直しが予定されている.
ISO 10006:2003 (JIS Q 10006:2004)	品質マネジメントシステム―プロジェクトにおける品質マネジメントの指針	2015 年改訂に伴い,見直しが予定されている.
ISO 10007:2003	品質マネジメントシステム―構成管理の指針	2015 年改訂に伴い,見直しが予定されている.
ISO 10012:2003 (JIS Q 10012:2011)	計測マネジメントシステム―測定プロセス及び測定機器に関する要求事項	
ISO/TR 10013:2001	品質マネジメントシステムの文書類に関する指針	
ISO 10014:2006	品質マネジメント―財務的及び経済的便益を実現するための指針	
ISO 10015:1999	品質マネジメント―教育訓練の指針	

2. ISO 9001 の改訂審議

表 1.3 （続き）

ISO 規格番号 （JIS 規格番号）	規格名称	備　考
ISO/TR 10017:2003	ISO 9001:2000 のための統計的手法に関する指針	
ISO 10018:2012	品質マネジメント―人々の参画及び力量の指針	
ISO 10019:2005 （JIS Q 10019:2005）	品質マネジメントシステムコンサルタントの選定及びそのサービスの利用のための指針	
ISO/TS 16949:2009	品質マネジメントシステム―自動車生産及び関連サービス部品組織の ISO 9001:2008 適用に関する固有要求事項	
ISO/TS 17582:2014	品質マネジメントシステム―政府の全レベルにおける選挙組織のための ISO 9001:2008 の適用の特定要求事項	
ISO 18091:2014	品質マネジメントシステム―地方自治体における ISO 9001:2008 適用の指針	
その他の文書*	ISO 9001:2015 改訂の概要（2015）	一般ユーザ用と品質専門家用の二つがある．
	ISO 9001:2015 におけるリスクに基づく考え方（2015）	
	ISO 9001:2015 のプロセスアプローチ（2015）	
	ISO 9001:2015 内において変更がどのように扱われているか（2015）	
	ISO 9001:2015 の文書化した情報に対する要求事項に関する手引き（2015）	
	ISO 9001:2008 と ISO 9001:2015 との相関表（2015）	箇条ごとの関連を示したものと，要求事項一文ごとの関連を示したものの二つがある．

表 1.3　（続き）

ISO 規格番号 （JIS 規格番号）	規格名称	備　考
	ISO 9001:2015 よくある質問集（2015）	
	ISO 9001:2015 実施の手引き（2015）	
	ISO 9004:2009 実施の手引き（2010）	
	持続的成功を求めて（2010）	
ハンドブック	中小企業のための ISO 9001（2010）	2015 年改訂に伴い，WG 24 により見直しが行われている．

＊ウェブサイトで閲覧可能．
　原文：http://www.iso.org/tc176/sc2
　邦訳：http://www.jsa.or.jp/stdz/iso/iso9000.html

た．内容としては，ISO 9001:2015 の各要求事項の意図，適用に当たっての注意，適用例などが示されている．

　支援文書の作成は SC 2/WG 23 が担当した．WG 23 の議長は Alan Daniels 氏（米国）であり，日本からは棟近雅彦（早稲田大学）が参加した．WG 23 が作成した支援文書の中の重要なものとしては，ISO 9001:2008 と ISO 9001:2015 との関連マトリックス（Correlation Matrix）がある．これは 2008 年版と 2015 年版の対応関係を示したものであり，箇条ごとの大まかな対応関係を示したものと，要求事項一文ごとの詳細な対応関係と変更の内容を示したものがある．2008 年版の要求事項が 2015 年版のどこに移動したか，逆に，2015 年版の要求事項が 2008 年版のどこから来たのか，の両方がわかるようになっている．

3. ISO 9001 の 2015 年改訂版の特徴

ISO 9001:2015 は，2008 年版を継承しながらも，QMS 認証の状況や規格ユーザの要望を踏まえて大幅な変更が行われている．このため，この規格がどのような特徴をもつのかを端的に述べるのは難しい．本章では，次の四つの視点から ISO 9001 の 2015 年改訂版の特徴を概観する．
— 規格の構造・表現に関する特徴
— 基本的性格に関する特徴
— マネジメントシステムモデルに関する特徴
— 要求事項に関する特徴

3.1　構造・表現に関する特徴──附属書 SL の採用

附属書 SL は，2. でも述べたように，様々なマネジメントシステム規格間の整合性を図るための方法である．ISO/TMB（技術管理評議会）の下に設けられた合同技術調整グループ（Joint Technical Coordination Group）によって開発され，ISO/IEC 専門業務用指針の附属書として 2012 年に定められた（SL は附属書の通し記号，2014 年に部分的に改訂）．

図 1.3 に附属書 SL の目次を示す．附属書 SL では，新たなマネジメントシステム規格又はマネジメントシステム規格の改訂のためのプロジェクトは妥当性評価を受けなければならないなど，マネジメントシステム規格を制定・改訂する場合に守るべき手続きが定められている．また，その Appendix 2 には，

　a）　上位構造（High Level Structure）
　b）　共通の中核となるテキスト（Identical Core Text）
　c）　共通用語及び中核となる定義（Common Terms and Core Definitions）

が与えられている．図 1.4 に a) の上位構造を示す．これを見ると，表現は若干異なっているものの，基本的には ISO 9001 の 2008 年版と類似の構造であることがわかる．また，図 1.5 に b) の共通の中核となるテキストの例を示す．c) の共通用語及び中核となる定義については，"組織"，"利害関係者"，"要求

ISO/IEC 専門業務用指針，第 1 部　統合版 ISO 補足指針——ISO 専用手順附属書 SL（規定）マネジメントシステム規格の提案

SL.1　一般
SL.2　妥当性評価を提出する義務
SL.3　妥当性評価を提出していない場合
SL.4　附属書 SL の適用性
SL.5　用語及び定義
SL.6　一般原則
SL.7　妥当性評価プロセス及び基準
SL.8　マネジメントシステム規格の開発プロセス及び構成に関する手引
SL.9　マネジメントシステム規格における利用のための上位構造，共通の中核となるテキスト，並びに共通用語及び中核となる定義
Appendix 1（規定）　妥当性の判断基準となる質問事項
Appendix 2（規定）　上位構造，共通の中核となるテキスト，共通用語及び中核となる定義
Appendix 3（参考）　上位構造，共通の中核となるテキスト，並びに共通用語及び中核となる定義に関する手引

図 1.3　附属書 SL の目次

事項"，"マネジメントシステム"，"リスク"，"プロセス"，"パフォーマンス"，"継続的改善"などの 21 用語とその定義が与えられている．

　a)～c)の適用に関するルールは，附属書 SL の SL.9 に明記されている．上位構造は変更できない．また，共通のテキスト，共通用語及び定義は"削除"できない．ただし，分野固有の要求事項を"追加"することはできる．また，例外的な事情によって，上位構造，共通のテキスト，共通の用語及び定義のいずれかが適用できない場合には，その根拠を TMB に通知し，TMB が確認することになっている．

　分野固有の要求事項を追加する場合には，上位構造，共通テキスト，共通用語及び定義の整合に影響せず，それらの意図と矛盾せず，かつ，それらの意図を弱めてはならないことになっている．具体的には，
　—第 2 階層以降の細分箇条（例えば，5.1 や 6.4 など）を共通テキストの箇条の前又はその後に挿入し，それに従って箇条番号の振り直しを行う

—共通のテキストや用語及び定義に，分野固有の新たな段落，ビュレット項目，説明テキスト（例えば，注記，例）を追加する
—既存の要求事項を補強するテキストを追加する

---

1. 適用範囲
2. 引用規格
3. 用語及び定義
4. 組織の状況
   - 4.1 組織及びその状況の理解
   - 4.2 利害関係者のニーズ及び期待の理解
   - 4.3 XXXマネジメントシステムの適用範囲の決定
   - 4.4 XXXマネジメントシステム
5. リーダーシップ
   - 5.1 リーダーシップ及びコミットメント
   - 5.2 方針
   - 5.3 組織の役割，責任及び権限
6. 計画
   - 6.1 リスク及び機会への取組み
   - 6.2 XXX目標及びそれを達成するための計画策定
7. 支援
   - 7.1 資源
   - 7.2 力量
   - 7.3 認識
   - 7.4 コミュニケーション
   - 7.5 文書化した情報
     - 7.5.1 一般
     - 7.5.2 作成及び更新
     - 7.5.3 文書化した情報の管理
8. 運用
   - 8.1 運用の計画及び管理
9. パフォーマンス評価
   - 9.1 監視，測定，分析及び評価
   - 9.2 内部監査
   - 9.3 マネジメントレビュー
10. 改善
    - 10.1 不適合及び是正処置
    - 10.2 継続的改善

注：XXXには品質，環境，情報セキュリティ，食品安全などが入る．

図 1.4　上位構造

> **5.1 リーダーシップ及びコミットメント**
> トップマネジメントは，次に示す事項によって，XXXマネジメントシステムに関するリーダーシップ及びコミットメントを実証しなければならない．
> — XXX方針及びXXX目標を確立し，それらが組織の戦略的な方向性と両立することを確実にする．
> — 組織の事業プロセスへのXXXマネジメントシステム要求事項の統合を確実にする．
> — XXXマネジメントシステムに必要な資源が利用可能であることを確実にする．
> — 有効なXXXマネジメント及びXXXマネジメントシステム要求事項への適合の重要性を伝達する．
> — XXXマネジメントシステムがその意図した成果を達成することを確実にする．
> — XXXマネジメントシステムの有効性に寄与するよう人々を指揮し，支援する．
> — 継続的改善を促進する．
> — その他の関連する管理層がその責任の領域においてリーダーシップを実証するよう，管理層の役割を支援する．
> **注記** この規格／この技術仕様書(TS)で"事業"という場合，それは，組織の存在の目的の中核となる活動という広義の意味で解釈され得る．

注：XXXには品質，環境，情報セキュリティ，食品安全などが入る．

図1.5 共通の中核となるテキストの例（5.1）

ことが認められている．また，原案作成プロセスの最初の時点から，共通のテキストと分野固有のテキストとを色分け等で区別することが求められている．図1.5の共通のテキストに分野固有のテキストを追加した例を図1.6に示す．"成果"が削除され"結果"に置き換えられているが，これは上記のルールからすれば逸脱となる．なお，逸脱は，そのまま適用できないという意味で"非適用（Non applicability）"と呼ばれる．

附属書SLの直接の目的は，様々なマネジメントシステム規格の要求事項の共通化である．マネジメントシステムについては，品質，環境，情報セキュリティ，食品安全などの目的が異なっても，組織として取り組まなければならないことは共通する部分が多い．したがって，複数のマネジメントシステム規格やその認証に取り組む組織にとっては，要求事項が共通化されれば大幅な効率

3. ISO 9001 の 2015 年改訂版の特徴

> **5.1 リーダーシップ及びコミットメント**
> **5.1.1 一般**
> 　トップマネジメントは，次に示す事項によって，品質マネジメントシステムに関するリーダーシップ及びコミットメントを実証しなければならない．
> a) 品質マネジメントシステムの有効性に説明責任（accountability）を負う．
> b) 品質マネジメントシステムに関する品質方針及び品質目標を確立し，それらが組織の状況及び戦略的な方向性と両立することを確実にする．
> c) 組織の事業プロセスへの品質マネジメントシステム要求事項の統合を確実にする．
> d) プロセスアプローチ及びリスクに基づく考え方の利用を促進する．
> e) 品質マネジメントシステムに必要な資源が利用可能であることを確実にする．
> f) 有効な品質マネジメント及び品質マネジメントシステム要求事項への適合の重要性を伝達する．
> g) 品質マネジメントシステムがその意図した ~~成果~~ 結果を達成することを確実にする．
> h) 品質マネジメントシステムの有効性に寄与するよう人々を積極的に参加させ，指揮し，支援する．
> i) ~~継続的~~ 改善を促進する．
> j) その他の関連する管理層がその責任の領域においてリーダーシップを実証するよう，管理層の役割を支援する．
> 　　注記　この規格 ~~／この技術仕様書（TS）~~ で"事業"という場合，それは，組織が公的か私的か，営利か非営利かを問わず，組織の存在の目的の中核となる活動という広義の意味で解釈され得る．
> **5.1.2 顧客重視**
> 　トップマネジメントは，次の事項を確実にすることによって，顧客重視に関するリーダーシップ及びコミットメントを実証しなければならない．

図 1.6　共通の中核となるテキスト（黒字）に分野固有の要求事項（青字）を追加した例（5.1）

化が図れることになる．

3.2 基本的性格に関する特徴

ISO 9001 の 2015 年改訂版では，4. で述べるように要求事項の大幅な変更が行われている．ただし，その基本的性格は，2008 年版と何ら変わりがない．

（1）適用範囲

一般に，規格の性格を判断する上で，その箇条 1 に記述される"適用範囲

(Scope)"は重要である．この記述によって，その規格がどのような目的で，どのような場合に適用されることを意図しているのかがわかる．図1.7にISO 9001の適用範囲を示す．

1　適用範囲
　この規格は，次の場合の品質マネジメントシステムに関する要求事項について規定する．
a) 組織が，顧客要求事項及び適用される法令・規制要求事項を満たした製品及びサービスを一貫して提供する能力をもつことを実証する必要がある場合．
b) 組織が，品質マネジメントシステムの改善のプロセスを含むシステムの効果的な適用，並びに顧客要求事項及び適用される法令・規制要求事項への適合の保証を通して，顧客満足の向上を目指す場合．
　この規格の要求事項は，汎用性があり，業種・形態，規模，又は提供する製品及びサービスを問わず，あらゆる組織に適用できることを意図している．
　注記1　この規格の"製品"又は"サービス"という用語は，顧客向けに意図した製品及びサービス，又は顧客に要求された製品及びサービスに限定して用いる．

図1.7　ISO 9001:2015 の"適用範囲(Scope)"(抜粋)

適用範囲のa)は，1994年版と同じく，製品及びサービスの品質保証(Quality Assurance：QA)の目的で使われることを述べている．ここでいう品質保証とは，日本で一般に捉えられている品質保証の意味(顧客・社会のニーズを満たすことを確実にし，確認し，実証するために組織が行う活動)よりも狭く，"要求事項が満たされるという確信を与える活動"である．他方，b)は，2000年改訂で追加されたものであり，修飾句を除けば，"顧客満足の向上"を目指す場合の品質マネジメントシステムに関する要求事項ということになる．1994年版の品質保証のための品質マネジメントシステムに対する要求事項という考え方は，構築するシステムの目的や範囲，程度が明確であり，それゆえに多少ともわかりにくい要求事項に出会ったときでも，この原点に返って考えることによって解答が得られることが多かった．しかし，現在のISO 9001は，これにとどまらず，顧客満足(customer satisfaction)の向上をも目指そうとしていることを示しているといえる．

3. ISO 9001 の 2015 年改訂版の特徴

ただし，だからといって，ISO 9001 はもはや品質保証のための規格ではないとか，TQM（Total Quality Management：総合的品質管理）を目指していると考えるのは正しくない．"顧客満足の向上"に"品質マネジメントシステムの改善のプロセスを含むシステムの効果的な適用，並びに顧客要求事項及び適用される法令・規制要求事項への適合の保証（assurance）を通して"という修飾句が付いており，あくまでも，品質マネジメントシステムの改善と効果的運用，要求事項への適合の保証を通した範囲の顧客満足の向上である．その意味では，適用範囲は拡大されたものの，ISO 9001 の本質は依然として品質保証にあると考えるのがよい．

ISO 9001 の適用範囲には，注記 1 として，対象とする"製品及びサービス"についてのただし書が付いている．ISO 9000 ファミリー規格における製品及びサービスとは，組織の"アウトプット＝プロセスの結果"であり，顧客向けに意図したもののみならず，環境汚染のような意図しない副産物も含まれ得る．そのため，この注記で，ISO 9001 では，このような意図しない副産物は対象としないことを明確にしている．

この注記についてもう一つ注意したい点は，2008 年版と比較すると，"顧客向けに意図された製品及び，又は顧客に要求された製品及びサービス"と併記されていた"製品実現プロセスの結果として生じる，意図したアウトプットすべて"が削除されていることである．2008 年版では，外部から調達する製品及びサービスなど，顧客に提供する製品及びサービスを実現する過程で必要となる中間の原材料，部品，役務などを対象に含むことを明確にしようとしていたわけだが，2015 年版では，あくまでも"顧客"の視点から製品及びサービスを捉えることを強く求めているといえる．このことを意識して，ISO 9001 の適用範囲を再度読むと，品質保証のためには，その前提として，顧客は誰か，顧客に対して保証する対象は何かを明確にする必要があり，これなしに品質マネジメントシステムを論じることはできないことが読み取れると思う．

適用範囲を読む際に，もう一つ注目してほしいことがある．それは提供する製品及びサービスの種類について何ら制限していないことである．ISO 9001

は，1987年の最初の版のときから，あらゆる業種・規模の組織が適用できる品質マネジメントシステムの一つのモデルであることを意図してきた．しかし，この意図は，1987年版，及びその後の1994年，2000年，2008年と続いてきた改訂においても完全に実現されてきたとはいえない．このため，2015年改訂においては，特に，サービス業へ適用するためのさらなる考慮が払われている．例えば，"製品"という用語を全て"製品及びサービス"に置き換えた．

(2) 顧客満足

ISO 9001がどの程度従来の品質保証を超える品質マネジメントシステムモデルを提示しているかは，適用範囲のb)の二つのキーワード"顧客満足(customer satisfaction)"及び"改善（improvement）"をどう理解するかにかかっている．

日本で"顧客満足"というと，"期待を超えて満足させる"という意味で捉えることが多い．このため，"ISO 9001もいよいよ日本のTQMを取り入れた規格になった"とか，"異なる要望をもつ全ての顧客を満足させることなど不可能で，顧客満足を要求するのは認証制度にそぐわない"などという意見も出てくる．このような誤解を解くため，まずはこの用語の定義を確認しておきたい．

ISO 9000の定義によると，"顧客満足"とは"顧客の期待が満たされている程度に関する顧客の受け止め方"である（2015年の改訂において，"要求事項"が"期待"に置き換えられている）．日本人は，"顧客満足"と聞くと，最大限の努力を払ってお客様のニーズを把握し，それらのニーズを満たす製品及びサービスを設計・生産・提供するために組織の総力を挙げて取り組むというイメージを浮かべることが多い．このこと自体は品質マネジメントとしてすばらしいことである．ただし，ISO 9000の定義によれば，顧客満足とは，期待をどの程度満たしているかに関する顧客の側の"受け止め方"あるいは"認識"であり，決して"期待を超えて満足させる"ことではない．

顧客満足の意味をめぐっては2000年改訂の審議中にかなりの議論があり，

3. ISO 9001 の 2015 年改訂版の特徴

最後は"受け止め方"に落ち着いた．また，動詞として何を使うかについても議論があった．当初は"achieve"（達成する）であったが，"address"（取り組む）に変わり，最後に"enhance"（向上する）となった．なお，"顧客満足"の意味そのものに多少の不明確さがあっても，ISO 9001 の直接の要求事項である 9.1.2 の内容を見ると，図 1.8 に示すように，"要求のニーズ及び期待が満たされている程度について，顧客がどのように受け止めているかを監視する"ことであるので，実質的にはそれほどの不都合は生じない（2015 年の改訂において，"期待"が"ニーズ及び期待"に置き換えられている）．

9.1.2 顧客満足
　組織は，顧客のニーズ及び期待が満たされている程度について，顧客がどのように受け止めているかを監視しなければならない．組織は，この情報の入手，監視及びレビューの方法を決定しなければならない．
　　注記　顧客の受け止め方の監視には，例えば，顧客調査，提供した製品及びサービスに関する顧客からのフィードバック，顧客との会合，市場シェアの分析，顧客からの賛辞，補償請求及びディーラ報告が含まれ得る．

図 1.8　ISO 9001:2015 における顧客満足に関する要求事項

ちなみに，"satisfaction"の元の動詞の"satisfy"がどの程度満たしていることかを，英語を母語とする人々に聞いてみると"just satisfy"という答えが返ってくる．基準ぎりぎりでも超えれば"satisfaction"である．また，"satisfactory"という形容詞は最大級の誉め言葉ではなく，許容できる限界ということである．決して誉めてはいない．誉めるなら"excellent"である．

ISO 9001 における顧客満足にかかわる要求事項を再読してみるとよい．何が要求されているかを決定付けるのはまさに"顧客満足"という用語の意味であり，定義に戻って吟味すれば，"顧客がどう受け止めているか"という視点からの取組みを要求していることがわかる．確かに，これは 1994 年版の意味での"品質保証"の概念を超えており，考え方の点でパラダイムシフトといってもよい．だが，顧客満足の監視を要求している 9.1.2 の内容を考えると，品

質マネジメントシステムのレベルとして，それほど上がっているわけではない．顧客の受け止め方に関する情報を適切に入手し，利用できるようになっていれば，それでよいということである．

(3) 改　善

ISO 9001 が従来の品質保証を超える品質マネジメントシステムモデルを提示していることを示すもう一つのキーワード"改善"についても考察しておこう．

ISO 9000 の定義によると，改善とは"パフォーマンスを向上するための活動"である．この定義での重要用語は"パフォーマンス"であるが，これは同じく ISO 9000 で"測定可能な結果"と定義されている．したがって，"改善"はかなり広い範囲を指し得ることになる．

図 1.7 の ISO 9001 の適用範囲の b) を読んだだけでは，品質マネジメントシステムの改善を含んでいることはわかるものの，ISO 9001 が求めている改善がどの範囲をカバーするものかについては必ずしも明確ではない．そこで，図 1.9 に，ISO 9001 における直接の要求事項である"10 改善"の一部を示す．ここで求められているのは，品質マネジメントシステムのパフォーマンス及び有効性 (effectiveness) の改善だけでなく，製品及びサービスの改善，さらには望ましくない影響の修正，防止又は低減も含む広い範囲の改善である．ま

10.1 一般

組織は，顧客要求事項を満たし，顧客満足を向上させるために，改善の機会を明確にし，選択しなければならず，また，必要な取組みを実施しなければならない．

これには，次の事項を含めなければならない．

a) 要求事項を満たすため，並びに将来のニーズ及び期待に取り組むための，製品及びサービスの改善
b) 望ましくない影響の修正，防止又は低減
c) 品質マネジメントシステムのパフォーマンス及び有効性の改善

　　注記　改善には，例えば，修正，是正処置，継続的改善，現状を打破する変更，革新及び組織再編が含まれ得る．

図 1.9　ISO 9001:2015 における継続的改善に関する要求事項

た，現在の要求事項だけでなく，将来のニーズ及び期待に取り組むための改善も含まれている．

c)項の有効性とは，品質マネジメントシステムを運用して得られた"結果"が狙いと一致していることである．それでは，品質マネジメントシステムによって狙っている"結果"とは何であろうか．それはまさに，製品及びサービスの品質保証であり，顧客満足の向上である．品質マネジメントシステムを運営した結果として品質保証及び顧客満足に関して設定した目標がどの程度達成できたかが品質マネジメントシステムの有効性であり，これを改善していくことが求められているわけである．ただし，a)項では，将来のニーズ及び期待に取り組むための改善が求められており，このためには品質マネジメントシステムの目標をより高いレベルに引き上げることも必要になると考えられる．このため，c)項では有効性と並んでパフォーマンスの改善も求められている．

なお，2008年版では，2015年版の10.3に引き継がれた"品質マネジメントシステムの適切性，妥当性及び有効性の継続的改善"が中心であったことを考えると，改訂によって改善の範囲がかなり広がったといえる．ただし，ISO 9001の適用範囲が"要求事項を満たした製品又はサービスを一貫して提供する能力をもつことを実証する"や"品質マネジメントシステムの効果的な適用及び要求事項への適合の保証を通して顧客満足の向上を目指す"場合に限定されていることを考えると，あくまでも品質保証や顧客満足を目指した改善であり，効率（efficiency）などまで含めた改善を意図しているものではないと考えるのがよい．

以上，ISO 9001の適用範囲や関連する要求事項を手掛かりに，ISO 9001の基本的性格を考察してきたが，ISO 9001の品質マネジメントシステムモデルは，1994年版のISO 9001が提示した"品質保証"を超えるモデルではあるが，拡大された部分は限定的で，基本的には品質保証のための品質マネジメントシステムモデルであることが読み取れたと思う．その意味で，ISO 9001:2008を継承するISO 9001:2015もまた，"品質保証＋αの品質マネジメントシステム要求事項"である，と理解するのがよい．

3.3 マネジメントシステムモデルに関する特徴

ISO 9001:2015 をマネジメントシステムのモデルとして見た場合の特徴としては，

—プロセスアプローチ

—PDCA サイクル

—リスクに基づく考え方

の三つを挙げることができる．

(1) プロセスアプローチ

ISO 9000 ファミリー規格では，品質マネジメントシステムの構築，実施及び改善において"プロセスアプローチ（process approach）"を採用することを推奨してきた．この考え方は，ISO 9001 の 2000 年版の序文において初めて記述され，多少の表現の変更はあるものの，2015 年版の序文にも引き継がれている．これを図 1.10 に示す．この説明を読むと，プロセスアプローチには，その中核として次の二つの考え方が含まれていることがわかる．

—全ての活動は，インプットをアウトプットに変換するプロセスとみなせる．

—プロセスを明確にして，その相互関係を把握し，一連のプロセスをシステムとしてマネジメントすることが重要である．

また，ISO 9001 の箇条 4.4 では，プロセスアプローチの適用がより具体的な形で求められている（当初，タイトルにプロセスアプローチという用語が入っていたが，最終的には削除された）．この箇条では，品質マネジメントシステムの確立・実施・維持・継続的改善と併せて，品質マネジメントシステムに必要なプロセスを明確にし，適用すること，さらには，a)プロセスのインプット及びアウトプットと，b)プロセスの順序及び相互作用を明確にすること，c)プロセスの効果的な運用及びマネジメントを確実にするための判断基準及び方法を決めること，d)必要な資源を利用できることを確実にすること，e)プロセスに関する責任及び権限を割り当てること，f)リスク及び機会に取り組むこと，g)プロセスを評価し，必要な変更を実施すること，h)プロセス及び品

3. ISO 9001 の 2015 年改訂版の特徴

> **0.3 プロセスアプローチ**
> **0.3.1 一般**
> この規格は，顧客要求事項を満たすことによって顧客満足を向上させるために，品質マネジメントシステムを構築し，実施し，その品質マネジメントシステムの有効性を改善する際に，プロセスアプローチを採用することを促進する．プロセスアプローチの採用に不可欠と考えられる特定の要求事項を 4.4 に規定している．
> 　システムとして相互に関連するプロセスを理解し，マネジメントすることは，組織が効果的かつ効率的に意図した結果を達成する上で役立つ．組織は，このアプローチによって，システムのプロセス間の相互関係及び相互依存性を管理することができ，それによって，組織の全体的なパフォーマンスを向上させることができる．
> 　プロセスアプローチは，組織の品質方針及び戦略的な方向性に従って意図した結果を達成するために，プロセス及びその相互作用を体系的に定義し，マネジメントすることに関わる．PDCA サイクル（0.3.2 参照）を，機会の利用及び望ましくない結果の防止を目指すリスクに基づく考え方（0.3.3 参照）に全体的な焦点を当てて用いることで，プロセス及びシステム全体をマネジメントすることができる．
> 　品質マネジメントシステムでプロセスアプローチを適用すると，次の事項が可能になる．
> 　a) 要求事項の理解及びその一貫した充足
> 　b) 付加価値の点からの，プロセスの検討
> 　c) 効果的なプロセスパフォーマンスの達成
> 　d) データ及び情報の評価に基づく，プロセスの改善
> 　図 1 は，プロセスを図示し，その要素の相互作用を示したものである．管理のために必要な，監視及び測定のチェックポイントは，各プロセスに固有なものであり，関係するリスクによって異なる．

図 1.10 ISO 9001:2015 の序文 "0.3 プロセスアプローチ"（抜粋）

質マネジメントシステムを改善することを求めている．

　プロセスアプローチが何を意味し，何を狙いにして生まれてきたのかを理解するためには，ISO 9000 ファミリー規格の 2000 年改訂審議の過程でなされた "プロセスモデル" に関する議論を知っておくとよい．2000 年の ISO 9000 ファミリー規格の改訂においてプロセスモデルを採用するということは，その当時の改訂作業の初期から，ISO 9000-1:1994 におけるプロセスモデルに関する記述を受けて検討されていた．図 1.11 に ISO 9000-1:1994 におけ

4.6 プロセスの考え方
- すべての業務はプロセスによって達成されると考えられる（図1）．
- プロセスにはインプット及びアウトプットがある．
- プロセス自体は，価値を付加するための変換操作である．
- プロセスには何らかの資源が関与している．
- インプット，プロセス，アウトプット時点で測定の機会がある．
- インプット及びアウトプットには幾つかの型がある．
- 図2に，サプライチェーンにおける下請負供給者，顧客との関係を示す．
- プロセスは，プロセス自体の構造及び操作，並びにそこに流れている製品や情報の二つを管理する必要がある．

4.7 組織におけるプロセスのネットワーク
- 価値を付加する仕事は，プロセスのネットワークを通じて達成される．
- 組織には，実行すべき多数の機能がある．
- 品質管理の目的のためには主要プロセスを重視し，プロセスを簡素化し，優先順位を付けることが重要である．
- 組織は，プロセスのネットワーク及びインタフェースを識別し，組織し，管理する必要がある．

4.8 品質システムとプロセスのネットワークとの関係
- 品質システムは，プロセスによって実行される．
- 効果的な品質システムのためには，プロセス，関連する責任，権限，手順及び経営資源を定義し，展開する必要がある．
- システムを構成するプロセスの調整，両立性及びインタフェースの定義が必要である．

図 1.11 ISO 9000-1:1994 におけるプロセスモデルに関する記述（要約）

るプロセスモデルに関する記述の要約を示す．ISO 9000-1 を検討したのは，故 Don Marquardt 氏（米国）に率いられた SC 2/WG 10 であった．この規格では，プロセスモデルのほか，製品分類（ハードウェア，ソフトウェア，サービス及び素材製品），利害関係者（顧客，従業員，取引先，社会及び所有者），品質の側面（企画品質，設計品質，適合品質及びサービス品質）などの概念に関する記述がなされている．

2000 年版 ISO 9001 及び ISO 9004 の開発を担当した SC 2/WG 18 は，開発の初期に，所与の顧客インプットを，資源を使用しながら，顧客要求事項を満たすアウトプットに変換する活動群の図的表現及びプロセスモデルを検討していた．この検討は，あらゆる業種・規模の組織に適用可能とするために，一

3. ISO 9001 の 2015 年改訂版の特徴

般化した単位プロセスに関する要求事項及び指針を記述し，それらを品質マネジメントシステムとして統合できるようにすることを目的としていた．このため，27 の単位プロセスも定義していた．

ここに多少の混乱を引き起こす要因が加わった．それは SC 2/WG 15（日本からは東京理科大学の狩野紀昭氏が参加）が開発した八つの品質マネジメントの原則を，ISO 9000 ファミリー規格に大々的に取り入れるという方針が確認されたことである．その八つの原則の一つが"プロセスアプローチ"であった．図 1.12 に，その要約を示す．ここで強調されていることは，品質マネジメントシステムをどのようなプロセス群で構成して統合するかというよりは，仕事を，

　　　　インプット　→　プロセス　→　アウトプット

という図式で理解した上で，アウトプットの品質を高めるための思想や方法論の適用であった．日本でいう"品質を工程で作り込め"である．

原則 4―プロセスアプローチ
　関連する資源及び活動をプロセスとしてマネジメントすることにより，所望の結果がより効率的に得られる．
　活　動
　・所望の結果を得るプロセスの定義
　・プロセスのインプット及びアウトプットの明確化
　・プロセスのインタフェースの明確化
　・リスクの評価，プロセスの利害関係者への影響の評価
　・プロセスの管理に対する責任及び権限の明確化
　・プロセスの内部及び外部の利害関係者の明確化
　・プロセスの設計

図 1.12　品質マネジメントの原則（1996）の"プロセスアプローチ"（抜粋）

2000 年版の ISO 9001 の原案執筆の過程で，プロセスモデルとプロセスアプローチという二つの考え方が，よく整理されないままにもち込まれた．ISO 9001 の序文のプロセスアプローチの説明に曖昧なところが残っているのは，このためである．したがって，ISO 9001 におけるプロセスアプローチの考え

方を理解するためには，このような事情を理解した上で補足しながら読むことが必要であろう．例えば，序文でいう図 1 とは，一つのプロセスを概念的に示した図であるが，これだけでプロセスアプローチの全容が理解できるわけではない．プロセスアプローチを理解するための図としては，

— 一つのプロセスの構成要素（インプット，アウトプット，資源，判定基準，責任・権限，リスク・機会など）を説明する概念図

— 品質マネジメントシステムが，複数のプロセスがつながったネットワークのようなもので構成される概念図

— ISO 9001 が提示する品質マネジメントシステムモデルがどのような代表的なプロセスから構成され，どのような相互関係をもつかを説明する図

の三つが必要なのだが，図 1 はこのうちの最初のものに対応していると考えるとよい．他方，次節で引用する PDCA サイクルについての説明の中の図 2 は，最後の図に対応していると考えるとよい．

(2) PDCA サイクル

PDCA サイクルも，プロセスアプローチと同時に 2000 年の改訂で ISO 9001 に導入されたモデルである．1994 年版は，トップマネジメント，人的資源，顧客関係，製品実現，支援活動というビジネスプロセスに基づく構造であったが，2000 年版では，これを PDCA サイクルの考え方に沿って並び替えることが行われた．この方針は，品質保証に徹することを目指したメンバーからの強い反対があったものの，開発が進んでいた環境マネジメントシステムに関する規格 ISO 14001 において既に PDCA サイクルが採用されていたこともあり，改訂の検討のかなり早い時期から決まっていた（ISO 9001:2000 の仕様書作成を担当した SC 2/WG 11 の 1995 年の北京会議）．

このような経緯を考えると，本来，PDCA サイクルは，個々のプロセスを改善・管理するための方法論として日本で生まれたものであるが，ISO 9001 ではむしろ規格の構造を考える場合のフレームワークとして導入されたともいえる．図 1.13 に，ISO 9001:2015 の序文の "PDCA サイクル" の説明を示す．ここでいう図 2 とは，ISO 9001 の箇条 4〜10 が PDCA のようなループ

3. ISO 9001 の 2015 年改訂版の特徴

> **0.3.2 PDCA サイクル**
> 　PDCA サイクルは，あらゆるプロセス及び品質マネジメントシステム全体に適用できる．図2は，箇条4〜箇条10をPDCAサイクルとの関係でどのようにまとめることができるかを示したものである．
> 　PDCAサイクルは，次のように簡潔に説明できる．
> 　— Plan：システム及びそのプロセスの目標を設定し，顧客要求事項及び組織の方針に沿った結果を出すために必要な資源を用意し，リスク及び機会を特定し，かつ，それらに取り組む．
> 　— Do：計画されたことを実行する．
> 　— Check：方針，目標，要求事項及び計画した活動に照らして，プロセス並びにその結果としての製品及びサービスを監視し，（該当する場合には，必ず）測定し，その結果を報告する．
> 　— Act：必要に応じて，パフォーマンスを改善するための処置をとる．

図 1.13 ISO 9001:2015 の序文 "0.3.2 PDCA サイクル"

を構成し，品質マネジメントシステムの継続的改善につながることを示したものであり，PDCA サイクルの対象を品質マネジメントシステム全体と捉えていることがわかる．

　ISO 9001 の要求事項の中には，具体的に PDCA サイクルという言葉は出てこないが，様々な要求事項を，上で説明した PDCA サイクルの視点から見てみると，それぞれの要求事項の意図がより明確になるであろう．例えば，6.2 では，品質目標及びそれを達成するための計画が求められているし，また，7.2 では教育・訓練・経験を通してパフォーマンスに影響を与える業務を行う人が必要な力量を備えるようにすることが，さらに，箇条8では，計画した品質マネジメントシステムを運用することが求められている．その上で，9.1 ではプロセスやマネジメントシステムのパフォーマンスを評価することが，箇条 10 では不十分な部分に対する改善が求められている．

（3）　リスクに基づく考え方

　リスクに基づく考え方は，プロセスアプローチや PDCA サイクルと異なり，2015 年改訂において新たに導入されたマネジメントシステムモデルである．1994 年版では，"是正処置"に加えて"予防処置"の要求事項が追加さ

れたが，是正処置と単純に併記した形であったため，プロセスアプローチやPDCAサイクルに基づく品質マネジメントシステムモデルの中で予防処置がどのような役割を果たすのかが曖昧であった．この問題は，2000年版，2008年版でもそのまま残されていた．

これに対して，最近の事故・トラブルを見ると，過去に経験済みの原因で発生しているものが少なくなく，予防処置をより徹底した形で実践することが求められるようになってきた．この理由は，いろいろ考えられるが，a)技術が進歩し，未知の領域が少なくなったこと，b)顧客のニーズが多様化し，既存の技術を柔軟に組み合わせて対応することが求められるようになったこと，c)グローバル化が進み，多くの組織が連携して製品及びサービスの提供を行うようになってきたことなどが影響していると考えられる．ISO 31000としてリスクマネジメントの規格が制定されたのも，このような事情を反映してのことと思われる．

図1.14に，ISO 9001:2015の序文と附属書の"リスクに基づく考え方"の説明を示す．この説明を読むと，ここでいうリスクとは，起こるか起こらないかが確定していない事象の影響であること，リスクは，大きく，

　—自然災害，為替変動，法的規制の緩和など，組織の外部に起因するもの
　—人の行動，設備の故障など，組織の内部に起因するもの

に分けられるが，ここで考慮が求められているのは，プロセスに関するリスクであり，どちらかといえば後者が中心であることなどがわかる．

また，もう一つ注意すべきなのは，次の二つの考え方がリスクへの対応の基本になっていることである．

　—リスクはプロセスごとに異なり，不適合の影響は組織ごとに異なる．
　—プロセスに伴うリスクを考慮し，リスクの程度に応じてプロセスを計画
　　し，管理する厳密さ及び程度を変えることが重要である．

したがって，リスクをゼロにするとか，可能な限り小さくする必要はなく，リスクを考慮し，それに応じてプロセスを計画・管理することがポイントとなる．

3. ISO 9001 の 2015 年改訂版の特徴

0.3.3　リスクに基づく考え方

　リスクに基づく考え方（A.4 参照）は，有効な品質マネジメントシステムを達成するために必須である．リスクに基づく考え方の概念は，例えば，起こり得る不適合を除去するための予防処置を実施する，発生したあらゆる不適合を分析する，及び不適合の影響に対して適切な，再発防止のための取組みを行うということを含めて，この規格の旧版に含まれていた．

　組織は，この規格の要求事項に適合するために，リスク及び機会への取組みを計画し，実施する必要がある．リスク及び機会の双方への取組みによって，品質マネジメントシステムの有効性の向上，改善された結果の達成，及び好ましくない影響の防止のための基礎が確立する．

　機会は，意図した結果を達成するための好ましい状況，例えば，組織が顧客を引き付け，新たな製品及びサービスを開発し，無駄を削減し，又は生産性を向上させることを可能にするような状況の集まりの結果として生じることがある．機会への取組みには，関連するリスクを考慮することも含まれ得る．リスクとは，不確かさの影響であり，そうした不確かさは，好ましい影響又は好ましくない影響をもち得る．リスクから生じる，好ましい方向へのかい（乖）離は，機会を提供し得るが，リスクの好ましい影響の全てが機会をもたらすとは限らない．

A.4　リスクに基づく考え方

　リスクに基づく考え方の概念は，例えば，計画策定，レビュー及び改善に関する要求事項を通じて，従来からこの規格の旧版に含まれていた．この規格は，組織が自らの状況を理解し（4.1 参照），計画策定の基礎としてリスクを決定する（6.1 参照）ための要求事項を規定している．これは，リスクに基づく考え方を品質マネジメントシステムプロセスの計画策定及び実施に適用することを示しており（4.4 参照），文書化した情報の程度を決定する際に役立つ．

　品質マネジメントシステムの主な目的の一つは，予防ツールとしての役割を果たすことである．したがって，この規格には，予防処置に関する個別の箇条又は細分箇条はない．予防処置の概念は，品質マネジメントシステム要求事項を策定する際に，リスクに基づく考え方を用いることで示されている．

　この規格で適用されているリスクに基づく考え方によって，規範的な要求事項の一部削減，及びパフォーマンスに基づく要求事項によるそれらの置換えが可能となった．プロセス，文書化した情報及び組織の責任に関する要求事項の柔軟性は，JIS Q 9001:2008 よりも高まっている．

　6.1 は，組織がリスクへの取組みを計画しなければならないことを規定しているが，リスクマネジメントのための厳密な方法又は文書化したリスクマネジメントプロセスは要求していない．組織は，例えば，他の手引又は規格の適用を通じて，この規格で要求しているよりも広範なリスクマネジメントの方法論を展開するかどうかを決定することができる．

　品質マネジメントシステムの全てのプロセスが，組織の目標を満たす能力の点から同じレベルのリスクを示すとは限らない．また，不確かさがもたらす影響は，全ての組織にとって同じではない．6.1 の要求事項の下で，組織は，リスクに基づく考え方の適用，及びリスクを決定した証拠として文書化した情報を保持するかどうかを含めた，リスクへの取組みに対して責任を負う．

図 1.14　ISO 9001:2015 の序文と附属書における"リスクに基づく考え方"

リスクに基づく考え方に対応する具体的な要求事項は，6.1 に定められている．ここでは，a) 品質マネジメントシステムが意図した結果を達成できるという確信を与える，b) 望ましくない影響を防止又は低減する，c) 改善を達成する，ためにリスクを明らかにすることが求められている．また，明らかにしたリスクへの取組み，それを品質マネジメントシステムのプロセスに組み込む方法，取組みの有効性を評価する方法を計画することも要求されている．この計画は，箇条 7～9 のプロセスにおいて実施され，9.3 のマネジメントレビューにおいてその有効性を評価され，不十分なところがあれば，箇条 10 の是正処置や継続的改善につながっていく．したがって，箇条 7 以降にはリスクに基づく考え方に対応する要求事項が直接的には示されていないが（計画した方法で有効性の評価を行うこと，同じ原因の不適合がほかのところで発生していないかを確認することなどは求められている），これら Do，Check，Act の対象に Plan の段階で計画した"リスクへの取組み"が含まれており，有効性が十分でなければ，6.1 に立ち返って"リスクへの取組み"の計画のレベルアップが求められると考えるべきであろう．

3.4　要求事項に関する特徴

ISO 9001 の 2015 年改訂版は，3.2 節で述べた基本的性格や 3.3 節で述べた品質マネジメントシステムモデルの点からは，改善の意味する範囲が広がったことやリスクに基づく考え方が追加されたことを除けば，2008 年改訂版とそれほど大きく異なっていない．一方，要求事項の内容そのものについては，認証の信頼性を確保することを狙いに，様々な強化が行われている．これらの強化は，大きく，附属書 SL によるもの，品質マネジメントシステム分野固有のものの二つに分けられる．

附属書 SL は，本来は様々なマネジメントシステム規格の間の整合性を図るために導入されたものであるが，その内容を見ると，単に既存のマネジメントシステム規格の共通部分を整理してまとめただけにとどまっておらず，より踏み込んだ要求がなされていることがわかる．これは，合同技術調整グループの

3. ISO 9001 の 2015 年改訂版の特徴

中心メンバーであった故 Jim Pyle 氏（英国）が ISO 9001 の制定・改訂に当初より関わってきた人物であり，現行のマネジメントシステム規格やマネジメントシステム認証制度の課題について十分認識していたためと思われる．

各箇条で要求されている内容の詳細は，第 3 部の解説を読んでいただくとして，ここではそのポイントのみを簡単に説明しておく．

（1） 組織の状況の理解と事業との関連付け

附属書 SL の採用に伴う要求事項の最も大きな強化点は，4.1 で把握した組織の状況（事業環境や組織の実態など）を踏まえた上で（ISO 9001 の場合には，これに 4.2 で把握した利害関係者のニーズ及び期待が加わる），5.1 で，トップマネジメントに"XXX 方針及び XXX 目標と組織の戦略的な方向性及び組織の状況との両立"及び"組織の事業プロセスへの XXX マネジメントシステム要求事項の統合"を確実にすることを求めている点である．事業プロセス（business processes）とは，顧客に価値を提供し，結果として利益を得るプロセスである．この要求事項が追加された背景には，トップマネジメントが関心をもたなくなることで，マネジメントシステムが形骸化し，目的とする品質，環境影響，情報セキュリティ，食品安全などに関してトップと現場との乖離が起こることを防ぐ狙いがある．

重大な事故・トラブルを防ぐ難しさは，現場（各部門の担当者）がそのような視点から自分の仕事を見直さない限り問題の存在に気がつかないところにある．トップマネジメント（経営者，事業部長など）が組織の利益を追求し（これ自体は悪いことではない），担当者はトップの指示に従おうとする．結果として，現場が抱えている問題がトップに伝わらず，大きな事故・トラブルが発生して初めてその存在に気づく．このようなことを防ぐには，現場の問題がトップマネジメントに確実に伝わるようにすればよいのであるが，伝わらないのでトップが関心をもたない．このため，現場の取組みが問題からずれたところで行われるようになり，ますます問題が顕在化しなくなるという悪循環が生まれる．上記の要求事項が追加された背景には，マネジメントシステムの運用におけるこのような難しさを考慮した結果といえる．

上記の要求事項の強化は，別の見方をすれば，マネジメントシステムの自律的な計画・運営をより明確な形で求めるようになったともいえる．組織の置かれている状況はそれぞれ異なり，他の組織が行っていることをそのまままねても期待する効果は得られない．それぞれの組織が状況の変化に適応しながら独自のシステムを生み出していくことが必要である．このような考え方は，2008 年版で既に導入されていたものであるが，箇条 4 で組織の状況や利害関係者のニーズ及び期待を把握し，これに基づいて箇条 5 で方針・目標を設定し，その実現のための計画を箇条 6 で立てるという規格の構造がはっきりしたことで，組織が各自の状況を踏まえて，自分自身の考えでマネジメントシステムを計画・運営する必要があることを示すものになっている．

(2) 利害関係者のニーズ及び期待の把握とそれに基づく適用範囲の決定

附属書 SL の採用に伴うもう一つの要求事項の強化点は，組織が提供する製品及びサービスを直接受ける顧客だけでなく，様々な利害関係者（それらが組み込まれた製品及びサービスを使用・利用するユーザ，組織の従業員，組織の所有者や資金の出資者，調達先・外部委託先などのパートナ，法的規制機関，社会など）を考え，その中の密接に関係する利害関係者並びにそのニーズ及び期待を明確にすることを求めたこと，その上で，これらのニーズ及び期待，組織の状況，並びに提供している製品及びサービスの三つを考慮し，品質マネジメントシステムを適用する"範囲（Scope）"を決めることを求めたことである．なお，ここでいう"密接に関連する利害関係者"とは，そのニーズ及び期待が満たされない場合に，組織の持続可能性に重大な影響を与える利害関係者である．

ISO 9001 に定められた要求事項について，その適用可能性を判定することについては，2008 年版でも既に規定されていたが，"範囲"の決め方については，明示的に示されていなかった．結果として，"顧客"や"範囲"を形式的に決めて認証を受け，その事実を利害関係者に対してニーズ及び期待が満たされることの信頼感を与える目的で使用するケースが見られた．この反省から，密接に関係する利害関係者を明確にすること，そのニーズ及び期待を考慮して

3. ISO 9001 の 2015 年改訂版の特徴

範囲を決めることを明示的な要求事項として定めたわけである．

(3) リスク及び機会の明確化と取組みの計画

附属書 SL の採用に伴う要求事項の第三の強化点は，箇条 4 で把握した組織の状況を踏まえて 6.1 でリスク及び機会を明らかにし，これに対する取組みをマネジメントシステムと統合することを求めている点である．

ここでいう"リスク（risks）"とは，不確かさの影響である．例えば，事業環境の変化，設備の故障，人に起因する標準からの逸脱など，起こるか起こらないかが確定していない事象がマネジメントシステムに与える影響である．他方，"機会（opportunities）"とは，組織が置かれている状況が，意図した結果を達成するための好ましい状況であることを指す．例えば，設備が老朽化しており，性能のよい設備に置き換えることのできる状況，不況のために仕事が少なく，人の教育訓練に力を入れることのできる状況，法的規制が強化され，従来のマネジメントのやり方を見直すことのできる状況などである．なお，後者の opportunities の解釈については，リスクとの関係で様々な議論が生じていることを考慮して定義を追加することが検討されたが，辞書の意味と同じということで見送られた．

3.3 節(3)でも述べたように，この要求事項の追加は，マネジメントシステム全般に対して，1994 年版から導入された"予防処置"の考え方を適用することを求めたものと捉えることもできる．なお，この結果，箇条 10 の"改善"から予防処置の要求事項が除かれている．

さらに，別の見方をすれば，計画機能の充実を求めたものともいえる．品質マネジメントシステムに関する計画をあまり考えずに行い，不適合が発生すれば再発防止を行えばよいといった取組みでは，もともとの計画の質が悪いために，発生したものに対する再発防止を行っても"もぐらたたき"にしかならず，類似の不適合が繰り返し発生することになる．このような状況を抜け出すためには計画をきちんと考えることが必要であり，リスク及び機会という視点から自組織の計画の質を見直し，レベルアップすることを求める要求事項になっている．

(4) 品質マネジメントシステムのパフォーマンスの改善

附属書SLの採用に伴う要求事項の第四の強化点は，箇条9及びその他の箇所で，"XXXマネジメントシステムの有効性"とは別に"XXXパフォーマンス"という用語を使用していることである．この意図は，マネジメントシステムの目的が，本来は製品及びサービスの品質，環境影響，情報セキュリティ，食品安全などの結果を確保するためのものであるにもかかわらず，その評価が十分行われていないことに対応するものである．品質マネジメントシステムでいえば，製品及びサービスの品質に関する目標が達成されているかどうか，顧客満足に関する目標が達成されているかどうか，さらには各プロセスのパフォーマンス，すなわち，プロセスのアウトプットに対して設定した目標が達成されているかどうかを評価することになる．その上で，満足すべき結果が得られていない場合には，品質マネジメントシステムの改善を行うことが必要となる．

なお，2.5節(1)で説明したように，"XXXパフォーマンス"，すなわち"品質パフォーマンス"については，意味が曖昧という理由で，"パフォーマンス"又は"品質マネジメントシステムのパフォーマンス及び有効性"という表現に置き直されている．

(5) 組織の知識とその獲得・蓄積・活用

以上の4点は附属書SLの採用に伴って要求事項が強化された点であるが，ISO 9001の2015年改訂版では，品質マネジメントシステムに固有の要求事項についても強化が図られている．まず，第一の強化点は，7.1.6において，品質マネジメントシステム及びそのプロセスの運用，並びに製品及びサービスの適合性及び顧客満足を確実にするために必要な"組織の知識"を明らかにすること，ニーズ及び状況の変化に取り組む際に，自組織の知識レベルを考慮に入れ，必要な追加の知識を入手する方法又はそれらにアクセスする方法を明らかにすることを求めていることである．

ここでいう"知識"とは，日本でいう"固有技術"とほぼ同じ意味であり，製品及びサービス又はプロセスに固有の技術と考えるとよい．顧客のニーズ・

期待を満たす製品及びサービスを経済的に提供するためには，そのためのプロセスを確立する必要がある．組織は，従来の経験を通じてプロセスと製品及びサービスの間の因果関係やプロセスをコントロールする方法に関する技術を蓄積し，これらを活用してプロセスを運営している．このため，従来経験したことのない領域に無理に挑戦すると，様々な事故・トラブルを起こすことになる．本来は，自組織のもっている技術と当該の製品及びサービスに必要となる技術を比較し，ギャップが大きい場合には当該の製品及びサービスを扱わないという判断をしたり，不足している技術を外部から獲得する努力をしたりする必要があるが，このような判断・努力が適切に行われていない場合がある．上で述べた要求事項の強化は，このような事実を踏まえて行われたものといえる．

(6) 人に起因する不適合の防止

品質マネジメントシステムに固有の要求事項の強化点の第二は，8.5.1において，製品及びサービスの生産・提供で散発的に発生する意図しないエラーに起因する標準からの逸脱に対する対策を考えることを要求したことである．

高い技術をもっていて効果的・効率的なプロセスが確立できていても，そのとおり行えなければ事故・トラブルが発生する．このため，組織は，守るべきルールを標準として定め，必要な知識・技能の教育・訓練を行っているが，新人や応援者の知識・技能が不足している，まあ大丈夫だろうと意図的に標準を守らない，うっかり間違える等により，標準からの逸脱が散発的に起こる．上で述べた要求事項の強化は，このような事実を踏まえて行われたものといえる．なお，知識・技能の不足についても，意図しないエラーほど明確な形ではないが，力量をもっていること，必要な場合には，その適格性についての考慮（資格制度等）を求めている．

(7) 変更の管理

品質マネジメントシステムに固有の要求事項の強化点の第三は，6.3，8.1，8.3.6，8.5.6等において，プロセスや品質マネジメントシステムの変更に関するレビュー及び管理を明示的に要求したことである．

2008年版でも設計・開発における変更の管理が明示的に求められていたが，プロセスやマネジメントシステムの変更については，まとまった箇条が設けられていなかった．計画を立てる段階では厳密なレビューを行い，リスクに対する適切な対応策の検討が行われるものの，変更については，起因となった事柄が解決できるかどうかのみに注意が集中し，変更に伴う副作用に対する考慮が疎かになり，事故・トラブルにつながる場合が少なくない．上で述べた要求事項の強化は，このような事故・トラブルを防ぐことを狙いとしたものといえる．

(8) **外部から提供されるプロセス，製品及びサービスの管理**

品質マネジメントシステムに固有の要求事項の強化点の第四は，8.4において，外部委託を含め，外部から提供されるプロセス，製品及びサービスのうち，組織自身の製品及びサービスに組み込まれるもの，直接顧客に提供されるもの，外部委託されたものについては全て，要求事項を満たす組織の能力に与える潜在的な影響と外部提供者によって適用される管理の有効性を考慮し，管理の方式と程度を定めることを要求したことである．また，それらが組織の能力に悪影響を及ぼさないことを確実にするために，必要な検証又はその他の活動を定めて実施することも求めている．

組織は製品及びサービスを生産・提供するために必要な部品・材料，設備，情報，役務などの多くを外部提供者に依存している．このため，外部提供者において，トップマネジメントと現場の乖離，リスクへの取組みの欠如，固有技術の不足，人に起因する標準からの逸脱などが適切に防止できていないと，事故・トラブルが発生する．製品及びサービスが単純な場合には，受入れ時に検査を厳重に行えばよいが，製品及びサービスが複雑になるにつれて源流での管理が強く求められるようになる．上記の要求事項の追加は，購買，外注，外部委託などの形態にかかわらず，外部提供者について適切に管理することを求めたものといえる．

(9) **業種・規模に応じた文書化**

上記とは逆に，要求事項が緩和された部分もある．2008年版では，文書と

記録を分けてそれぞれ別々の管理が求められていたが，附属書 SL では，"文書化された情報"として一括して扱われている．また，どのような情報が必要かの判断は，品質マネジメントシステムの有効性の視点からそれぞれの組織が判断すればよいという立場に徹し，"文書化された情報"に対する個別の要求は可能な限り少なくなっている．これは，業種・規模に応じた適切なレベルの文書化が行われることを意図したものであり，過剰な文書化の要求に伴うマネジメントシステムの形骸化を防ぐことを狙ったものである．ISO 9001 の 2015 年版でも附属書 SL のこの考え方に従い，文書化に関する要求を最低限のものに限定している．

2.5 節(8)でも述べたように，結果として，"品質マニュアル"の文書化に関する要求事項も削除された．また，文書化ではないが，"品質マネジメントシステム管理責任者"の専任に関する要求事項も削除された．品質マネジメントシステムの認証制度を考えると，品質マニュアルを作成しない，品質マネジメントシステム管理責任者を選任しないことは考えられないが，それは組織が自分で判断すべきことであるという考え方に立っている．その意味では，要求事項が緩和されたというより，自由度を認められたぶん，組織には自分自身でマネジメントシステムの有効性について評価し，それを基に何が必要で何が必要でないかを判断する能力が求められるようになったといえる．

4. ISO 9001 のこれまでとこれから

第1部の最後に，1980年に検討を始め，1987年に最初の版を発行し，1990年代以降品質マネジメントシステムの第三者認証の国際的制度における基準文書として，品質，品質保証，製品及びサービスの取引において世界の注目を集めてきた歴史をたどりつつ，その意味を考察し，これを踏まえて今後の展望を考察したい．

4.1 品質マネジメントシステム規格のこれまで

(1) 二つの品質マネジメントシステム規格の発行

1987年3月，ISO 9001を含む，品質マネジメント及び品質保証のための一連の国際規格の最初の版が，ISOによって発行された．

そもそもの事の起こりは，1970年代後半の欧米諸国における品質システム規格の相次ぐ制定にある．似てはいるが内容の異なる規格を各国が独自に制定することは，国際的な通商の障害になるので，これらの国内規格を統合して品質保証の国際規格を作る動きが起こり，1980年にISOにおいて"品質保証の分野における標準化"を活動範囲とする専門委員会（TC）としてTC 176が設置された．カナダが幹事国を引き受け，1980年5月オタワで最初の国際会議が開かれた．このとき日本は，国内の体制が整っていなかったため出席しなかった．

この会議において次の三つの作業グループ（WG）が設置された．

—WG 1：Quality Assurance Terminology
　（品質保証用語）　幹事国：フランス
—WG 2：Generic Quality Assurance System Elements
　（品質保証システムの一般事項）　幹事国：米国
—WG 3：Specifications for Quality Assurance Systems
　（品質保証システムの仕様）　幹事国：英国

WG 2とWG 3というその業務内容が似ている二つのWGが作られたのは，

その必要性からというよりも，参加国において制定されていた規格の性質が異なることによる．欧米諸国において既に幾つかの国家規格が制定されていたため，ベース文書として米国の ANSI/ASQC Z1-15 と英国の BS 5750 を用いることになり，それぞれ WG 2 と WG 3 で検討を進めることになった．

その後，1982 年 10 月パリで第 3 回 TC が開かれ，TC 176 の構成について議論が行われた．WG は個人としての専門家の集まりであり，国を代表するものではない．WG によって起案された文書を ISO の草案とするためには，正式に国を代表する人々によって検討されなければならない．そのためには参加国の代表による分科会（SC）の設立が必要で，TC 176 においてどのような SC をもつべきかが議論された．

用語を担当する WG 1 を SC 1 にすることは異論がなかったが，WG 2, WG 3 についてどうするかについては意見が分かれ，結局，二つの SC,

—SC 1：Terminology（用語）　幹事国：フランス

—SC 2：Quality Systems（品質システム）　幹事国：英国

を設けることになり，SC 2 には米国の規格 ANSI/ASQC Z1-15 をベース文書として検討する WG 2 と，英国の規格 BS 5750 を出発点とする WG 3 が設けられた．

この二つの規格は内容的には似ているが，形式的な違いが二つあった．

—BS 5750 は requirement（要求事項）で，ANSI/ASQC Z1-15 は guideline（指針）

—BS 5750 は多水準規格で，ANSI/ASQC Z1-15 は一水準

この二つの WG の検討結果が後に BS 5750 をベースとする ISO 9001〜9003 の品質保証システム要求事項，ANSI/ASQC Z1-15 をベースとする ISO 9004 の品質マネジメントシステム指針として 1987 年に発行されることになる．

(2)　**1994 年改訂における品質マネジメントに関する概念の整理と拡張**

1987 年に制定された ISO 9001〜9003 及び ISO 9004 において，品質マネジメントにかかわる概念は次のように整理されていた．

品質管理（広義）(Quality Management)
　　　＝品質保証(Quality Assurance)＋品質管理(狭義)(Quality Control)
また，それぞれの用語は次のように説明されていた．

―**品質管理（広義）**(Quality Management)：経営管理機能全般のうちの品質方針を定め実施する側面．

―**品質保証**(Quality Assurance)：製品又はサービスが所与の品質要求を満たしていることの妥当な信頼感を与えるために必要な，実証を含む計画的及び体系的活動の全て．経営者を対象とするものを"内部品質保証"，顧客を対象とするものを"外部品質保証"と呼ぶ．

―**品質管理（狭義）**(Quality Control)：品質要求を満たすために用いられる運用上の技法及び活動．

　すなわち，初版の ISO 9000 ファミリー規格では，"品質管理（狭義）"と"品質保証"の二つの活動を"品質システム"として組織的に統合し，これに"品質方針（Quality Policy）"による経営者の参画を含めたものを"品質管理（広義）"と捉えていた．ここでいう，品質方針とは，組織の最高位経営者によって公式に表明された品質に関する組織の全般的な意図と指示である．

　このころ，当時 ISO/TC 176 日本代表であった久米均氏（東京大学名誉教授）からのインプットにより，"Quality Improvement"（品質改善）という概念が ISO/TC 176 の専門家の間にあっという間に広まった．1987 年版には明確には反映できなかったが，概念としては，

$$QM = QA + QC + QI$$

という方程式が確立していた．そして 1994 年版では，これにさらに"Quality Planning"（品質計画）を加え，Quality Management の概念を次のように整理した．

　　QM ＝ 品質方針 ＋ 品質方針の実施
　　品質方針の実施 ＝ QP ＋ QA ＋ QC ＋ QI

　すなわち，Quality Management とは，品質方針，目標及び責任を定め，それらを品質システムの中で Quality Planning, Quality Assurance, Quality Control 及び Quality Improvement によって実施する全般的な経営機能の全ての活動であるとした．

　ここで，Quality Planning とは，品質目標，品質要求事項，品質システム要素の適用に関する要求事項を定める活動をいう．また，Quality Assurance は，品質要求事項を満たすことについての十分な信頼感を供するために品質システムの中で実施され必要に応じて実証される全ての計画的かつ体系的な活動であり，Quality Control は，品質要求事項を満たすために用いられる実施技法と活動である．さらに，活動及びプロセスの有効性及び効率性を向上させる処置としての Quality Improvement も重要な要素であると位置付けた．

　上記のような整理を行った上で，ISO 9001 を Quality Assurance の要求事項とした．したがって，当時，ISO 9001 に基づく QMS 認証に取り組む組織や認証機関に求められたのは，

　—実証によって顧客の信頼感を得る活動としての Quality Assurance の意
　　味の理解
　—組織の品質マネジメント体制を外部に開示することの重要性の認識
であったといえる．

　ただし，ISO 9001 の 1994 年改訂版の内容を 1987 年版と比較すると，幾つかの要求事項の強化が図られている．一つ目は，品質方針を顧客の期待と要望並びに組織の目標に関係するものでなければならないとするとともに，品質目標やその達成に向かって具体的な活動を展開するという品質計画の考え方を導入したこと，マネジメントレビューでは品質方針及び目標を満足していることの確認を要求したことである．二つ目は，1987 年版においては設計検証の一手段として記されていたデザインレビューが，設計管理上特に重要であるという点から独立の項目として抜き出されたこと，設計の妥当性確認を行うことを明記したことである．三つ目は，是正処置及び予防処置に関するものである．是正処置及び是正処置の対象が，製品の不適合から，工程異常や手順の非順守など，プロセスやシステムの不適合にまで広がったこと，予防処置のための活動を行う必要性を明記したことである．これらの強化は，ISO 9001 に基づく

品質マネジメントシステムの有効性を強化するためのものであり，QMS 認証を受けたものの品質はよくならないという欧州を中心に起こった批判に対応するためのものであった．

(3) 2000 年改訂における ISO 9001 の適用範囲の拡大

ISO 9001 と ISO 9004 という性格の異なる二つの品質マネジメントシステムモデルは，ISO 9000 ファミリー規格の 2000 年改訂において，コンシステントペア（consistent pairs）と位置付けられ，各々の規格の性格の相違を明確にしつつ，両方とも使われることを意図して，章構成や用語の整合が図られた．

このような中，3.1 節で述べたように，ISO 9001 の適用範囲が，品質保証（要求どおりのものを提供できる能力があることの実証による信頼感の付与）に加え，顧客満足（顧客要求事項を満たしている程度に関する顧客の受け止め方），品質マネジメントシステムの有効性の継続的改善を含むように拡大された．

また，要求事項の内容としては，顧客満足と継続的改善以外にも大幅な強化が行われた．一つ目は，品質目標の設定・文書化を品質方針とは別に要求するとともに，この品質目標を受けて関連する階層・部門ごとの品質目標を設定すること，品質目標に製品及びサービスの適合，並びに顧客満足の向上に関連したものを含めること，品質目標を満たすために品質マネジメントシステムの計画を策定することを求めたことである．また，マネジメントレビューでは方針・目標を含むマネジメントシステムの変更の必要性の評価を求めている．これらの変更は，継続的改善の要求とあいまって，改善活動の組織的展開を要求するものになった．二つ目は，パフォーマンスの測定・監視に関する要求事項の追加であり，品質マネジメントシステムのプロセスが計画どおりの結果を達成する能力があることを実証できる方法で監視することを求めたことである．また，内部監査についても，要求事項への適合性だけでなく，品質マネジメントシステムが効果的に実施され，維持されているかを明らかにすることを求めている．三つ目は，リソースの要素として，人的資源のほかにインフラストラクチャと作業環境が明記されたこと，人的資源については教育・訓練だけでなく，従業員の品質に対する意識付け・動機付けについても言及されたことである．

上記の適用範囲の拡大と要求事項の強化は，(2)で述べた1994年改訂における有効性強化の延長線上に位置するものであるが，プロセスアプローチやPDCAサイクルの採用とあいまって，ISO 9001の本質を大きく変えるものになった．

他方，ISO 9001とペアになっているISO 9004も，持続的な顧客満足，利害関係者の利益を通して，組織のパフォーマンスの有効性及び効率の双方を継続的に改善することを狙いとする，ISO 9001を超える品質マネジメントシステムのモデルを提示するものに置き換わった．

(4) **2008年改訂における意図の明確化**

ISO 9001の2008年改訂は，ISO/TC 176/SC 2において2003年12月に実施したISO 9001の定期見直し，ISO 9001に関するオンラインユーザ調査，ISO 9001の要求事項に関する解釈要請を基に，

—ISO 9001:2000の要求事項の明確化

—ISO/TC 176の公式な解釈を必要とするような曖昧さの除去

—ISO 14001との両立性向上

を図ることを目的とし，組織に対する影響は最小限にとどめるものであった．

ISO 9001:2008は，次の二つの理由により，"追補改訂版"と呼ばれている．

—ISO 9001:2000に対する限定的な変更であること（要求事項を追加するものでも，要求事項の意図を変更するものでもない）

—発行形態が，変更を包含した新版（第4版）となること

ISOの改訂作業において，"追補"とは，既存の国際規格の合意された技術的条項について，限定された範囲内で変更・追加することを意味する．この限定的な変更には，規格の意図を変更しない範囲での要求事項の明確化及び曖昧さの除去も含まれる．通常"追補"は，別文書として発行され，元となる国際規格とあわせて使用されるが，利用者に対する利益を勘案して，変更を包含した国際規格の新版（改訂版）として発行することもできることになっている．

他方，ISO 9001から1年遅れて発行されたISO 9004:2009は，ISO 9004の2000年版を超える，どのような経営環境にあっても成功できる品質マネジ

メントシステムのモデルを提示することを目指したものであった．

以上，ISO 9001 の 1987 年制定から 2008 年改訂までの経緯を，相互に影響を及ぼし合ってきた ISO 9004 も含めて振り返ったが，このような経緯の上に，1 章〜3 章で述べたような ISO 9001 の 2015 年改訂が行われたことになる．

4.2　QMS 認証制度のこれまで

(1) 第三者認証制度

"民間の第三者機関による QMS 認証制度"は，品質保証の新しい方法論であるといえる．取引される製品及びサービスの品質保証は，通常は製品及びサービスを提供する組織と購入者の二者間の問題である．ところが，第三者認証制度においては，認証機関という第三者が，供給者の品質マネジメントシステムを評価・認証し，購入者はその結果を活用するという制度である．

第三者による評価という考え方は，製品及びサービスに関しては既に存在している．製品及びサービスが有すべき基準を定め，それに合致する製品及びサービスだけを市場に供給できるようにする（強制認証）ことや，基準に合致していることを公示して消費者が妥当な製品及びサービスを選択できるように便宜を図る（任意認証）ことなどがそれである．

(2) EC 経済統合

QMS 認証制度普及の発端は，1992 年 12 月末の EC 経済統合にある．EC が経済統合を果たすためには様々な統一を行わなければならない．その一つが CE マーク（Certificate of Europe）という EC 域内での統一的な製品認証制度の整備である．各国が独自に実施してきた基準認証制度の統一にあたって，EC は製品の適合性評価のための手続きとして"モジュール方式"を推奨し，A〜H の八つのモジュールで各国の適合性評価の多様性をカバーし，相互の透明性を保持した．これらのモジュールのうちモジュール H, D, E に，それぞれ ISO 9001, 9002, 9003 に基づく第三者機関による QMS 認証が含まれていた．

CE マークという強制力をもつ製品認証制度に"ISO 9001 に基づく第三者機関による QMS 認証"が含まれていたため，任意認証の分野においても，品

質マネジメントシステムの認証という新しい制度の整備が英国を中心に欧州各国で拡大し定着することになった．

(3) 品質保証新時代の幕開け

国際的な QMS 認証制度の仕組みは，品質保証に関して世界に大きなインパクトを与えた．その第一は"品質経営のすすめ"である．この制度の普及によって，経営者が取引における"品質"の重要性を認識し，自社の品質マネジメントシステムを意識せざるを得なくなった．

第二は，品質マネジメントシステムの構築である．品質の重要性を認識した組織が実施することは，品質マネジメントシステムの構築を図ることであろう．ISO 9001 はその中心的システムモデルと位置付けられた．

第三は，品質マネジメントシステムモデルに対する国際的コンセンサスの形成である．ISO 9001 の普及に伴って，事の良し悪しはともかく，国際的にコンセンサスが得られた品質マネジメントシステムモデルは，ISO 9001 と ISO 9004 に記述されている品質マネジメントシステムである．

第四は，品質保証の方法論の変化である．前述したように，この制度のもとで第三者機関によるシステム認証を取得して，有効な品質マネジメントシステムをもっていることの信頼感を与え，これをもって製品及びサービスの品質の保証の重要な一要素にするという，新しい品質保証の方法論が世界的に普及した．

(4) 国内取引への拡大

1993 年ごろ "ISO 9000 現象" という用語が世界中に広まった．ISO 9000 シリーズに基づく QMS 認証が爆発的に増えた現象のことである．この制度の立ち上げの初期は，欧州への輸出のためのシステム認証であって，欧州の企業に部品・材料を納入するため，競って ISO 9001 認証を取得するという現象が起きた．ただし，欧州への輸出のためということで，認証数はそれほど多くはなかった．

それが 1993〜1995 年ごろ，ISO 9001 認証が急激に増え，ISO 9001 が世界に広く認知されるようになる．なぜこのようなことが起きたのか．それは国内取引のための ISO 9001 認証が爆発的に増えたことによる．米国，ドイツ，

日本などがその好例であった．自社の購買機能の妥当性を主張するために国内の供給者に対して ISO 9001 の認証取得を要求したり，購入者の立場から国内の供給者に対しても ISO 9001 の認証取得を要求したりすることの効果を実感するようになったからである．

(5) セクタ規格の増殖

1995 年ごろから，ISO/TC 176 内で規格の"自己増殖（proliferation）"ということが盛んに議論されるようになった．自己増殖とは，ISO 9001 の好ましくないカスタマイズのことである．"proliferation"という用語は，例えばがん細胞の"増殖"とか核兵器の"拡散"などを表現するとき使われるような，どちらかというと好ましくない増加・拡散を意味する．ISO 9001 は全ての製品，全ての業種，全ての規模で使えるように意図された一般的な品質マネジメントシステム規格であると標榜している．それにもかかわらず，自動車，医療機器，通信，航空宇宙など，様々な製品でその分野での適用を意図した解釈，読み替えの文書が作成されていった．そればかりか，こうした文書を基準にして独自の認証制度の運用が拡大した．

ISO 9001 が，汎用的でどの分野でも一応は使えるものの，特定の分野においての物足りなさ感があることがその原因である．苦労して読み替えや解釈をするくらいなら，業界で統一見解を作ったほうがましで，それが高じるとセクタ文書，規格の誕生につながるのである．その分野に固有の技術のレベルを重視すると，ISO 9001 に基づく QMS 認証制度に類似した独自の認証制度の構築が自然な落ち着き先になる．

(6) ISO 14001 の発行と環境マネジメントシステム認証制度

1996 年に，環境マネジメントシステム規格 ISO 14001 が発行された．ISO 9001 は製品及びサービスの品質という，まさにビジネスの勝負どころになる能力を評価されるが，ISO 14001 は，環境という次世代社会に対する保証が基本的主題となる．これは組織の社会的責任を問題にしており，ISO 9001 とは異なり利益に直結しないが，意外なほど普及した．

ISO 14001 の広まりは，ISO 9001 とは別の意味で，民間の第三者機関が組

4. ISO 9001 のこれまでとこれから

織の良し悪しを評価することが社会システムとして有効であることを示すことになった．つまり官が規制するのではなく，民間ベースで認証制度を広く運用することが可能で，時あたかも企業の社会的責任（CSR：Corporate Social Responsibility）や説明責任の重要性が叫ばれる中，これを促進する制度になり得ると認識された．さらに組織の一般的なマネジメントシステム，いわゆるGMS（Generic Management System）規格作成の検討がなされたのもこのころである．また現在のSR（社会的責任）規格作成にもつながっている．

ISO 9001 が火を着けて，経営のスタンスを問う ISO 14001 の認証制度が機能したおかげで，この新しい制度のあり方が再認識されたといえる．

(7) 負のサイクル

ISO 9001 の 2000 年改訂版の内容が固まりかけたころから，QMS 認証制度の根幹にかかわる議論が再燃するようになった．そもそもこの制度は品質向上に有効なのかという問いかけである．ISO 9001 の発行当初から，ISO 9001 認証を受ければ品質のよい製品及びサービスを提供できるといわれながら，認証を受けても不良品やクレームが多いというケースは少なからずあるという指摘である．

認証機関に"顧客は誰か"と聞くと，まず間違いなく認証費用を支払ってくれる"認証を受ける組織"という答えが返ってくる．しかし，これは視野の狭い見方である．この制度は，認証機関が組織を審査し，基準以上なら認証し，取引に際して組織を選択する際の支援を"社会"に対して提供しようという，能力証明のための制度であり，顧客は"社会"と考えるべきである．認証機関が，自分の顧客は自分が審査する組織であり，皮相的な意味での顧客満足を目指そうものなら，その認証は顧客である"社会"にとって何の価値もないものとなる．

QMS 認証制度を真に役立つものとするためには，認証機関側も認証を受ける組織側も安くて簡単に登録するほうが互いに好ましいという構造を変えていかなければいけない．本当にこの制度は役に立つのか，この制度で認証を取得した組織の製品及びサービスは本当によいのか，その製品及びサービスを社会

は受け入れているのか，ということを考察し，認証に取り組む組織においては実効性のある品質マネジメントシステムを構築・運用しなければならないし，認証機関はその社会的使命を再認識して，この制度の価値を高めるための努力をしなければならない．

4.3 ISO 9001 及び QMS 認証制度のこれから

　ISO 9001 の 2015 年改訂は，一言で言えば，ISO 9001 に基づいて行われている QMS 認証の"信頼性"を向上させることを目指したものである．2000 年の改訂で品質マネジメントシステムの有効性強化に大きく踏み出した結果，よい成果を出す組織が増えた一方，有効性を自分で判断する能力のない組織では品質保証に関するほころびも見えるようになった．2000 年に導入した改訂を活かしながら，原点である品質保証に立ち戻ってその強化を図ろうとしたものということもできる．4.1 節や 4.2 節で概括したような ISO 9001 やそれに基づく認証制度の今までの歴史や現状を踏まえたものであり，その上で，今後 10 年以上にわたって社会の期待に応えていける品質マネジメントシステムのモデルを提示することを狙ったものである．

　改訂の内容は，2000 年の改訂に比べても決して小さくはない．組織の状況の理解と事業との関連付け，リスク及び機会の明確化と取組み，品質マネジメントシステムのパフォーマンスの改善，組織的な知識とその獲得・蓄積・活用，外部から提供されるプロセス，製品及びサービスの管理，人に起因する不適合の防止，変更への対応，業種・規模に応じた文書化などの要求にどのように取り組むのか，どのように審査するのか，移行に当たって検討すべき課題は多い．認証の移行期間として認められているのは発行後 3 年間である．認証を取得している，あるいは取得しようとしている組織にとっても，認証機関や認定機関にとってもどのような態度で臨むのか真摯に検討することが必要であろう．

　ただし，2015 年改訂は ISO 9001 が従来からもっていた危険を取り除けているわけではない．附属書 SL にしても，ISO 9001 の 2015 年改訂版にして

も，全てのマネジメントシステム規格は自然言語で書かれており，その要求の解釈にある程度の曖昧さが残るのはやむを得ない（2008年改訂ではここに焦点を当てて改訂が行われたが，十分な効果を発揮するまでには至らなかった）．このため，2015年改訂版も解釈を少し変えるとその価値が大幅に変わってしまう．もし，一部の認証機関が附属書SLやISO 9001の2015年改訂版の意図を理解せず，要求事項を表面的に満たしている組織を認証すれば，QMS認証に形式的に取り組んできたために移行に伴う変更を迫られている組織に魅力的な解決策を提示することになる．それらの組織がQMS認証の本質を理解しないまま労を惜しめば，大半がこのような認証機関へ乗り換えることになる．結果として，QMS認証に対する社会の信頼感が更に低下し，ISO 9001の2015年改訂に真摯に取り組んでいる組織や認証機関の努力が無駄になることになる．

ISO 9001及びこれに基づくQMS認証制度が今後も社会の中で価値をもち続けていくためには，二つの条件があればよい．一つは組織の経営の様々な側面のうち，品質に関わる側面の認証に対して社会的ニーズがあること，もう一つはISO 9001及びそれに基づく認証制度がこの社会的ニーズを満たす能力をもつことである．社会が成熟するにつれて，顧客のニーズ・期待に一致する製品及びサービスを提供することがビジネスにおけるより重要な成功要因となっていること，製品及びサービスが高度化し，しかも複数の組織の間の連携がますます求められていることを考えると，第一の条件が今後も満たされること，ますます強くなることは間違いない．問題は第二の条件である．ISO 9001及びそれに基づくQMS認証制度に関わっている全員が，ISO 9001の2015年改訂を機に，社会をよりよい方向に変えていくために何をなすべきかについての議論を活発に行い，あるべき方向に一歩でも近づくような努力を行っていくことが必要であろう．

第2部
ISO 9000:2015
用語の解説

第2部では，ISO 9000:2015で定義されている用語について，その翻訳規格であるJIS Q 9000:2015での訳語を用いて解説を行う．なお，この解説は，原則としてJIS Q 9000の箇条の順序に従って行うが，より正確に理解できるように，関係する用語をまとめて解説したり，同じ用語を再掲する場合もある．また，ISO 9001:2015との関連が薄い用語は，解説しない場合がある．

ISO 9000:2015 改訂の概要

ISO 9001:2008の用語は，ISO 9000:2005で定義されたものを用いていた．ISO 9000:2005では，84語が定義されていた．この中で，ISO 9000:2015においては，"組織構造"(organizational structure)，"適格性確認プロセス"(qualification process)，"力量（監査分野の用語）"(competence) の3語が削除されており，残りの81語は収録されている．ISO 9000:2015では，138語が収録されており，新しく追加された用語は57語である．ここでは，用語の項番一つを1語と数えている．用語の項番1項には，複数の見出し用語があるものがあるが，定義は各項に一つのみである．複数の見出し語が入っている項目は［3.1.5 コンフィギュレーション機関（configuration authority)・コンフィギュレーション統制委員会（configuration control board)・コンフィギュレーション決定委員会（dispositioning authority)，3.2.3 利害関係者（interested party)・ステークホルダー（stakeholder)，3.2.5 提供者（provider)・供給者（supplier)，3.2.6 外部提供者（external provider)・外部供給者（external supplier），3.2.7 DRP 提供者（DRP-provider）・紛争解決手続提供者（dispute resolution process provider），3.6.1 対象（object）・実体（entity）・アイテム（item）］の六つである．以上から，ISO 9000:2015 では，138 用語（＝138 定義）が定義され，"利害関係者"，"ステークホルダー"は，見出し用語が二つ，のように数えると，見出し用語数としては138＋8＝146 語となる．これ以降で語数が出てくる場合は，全て現番数を指すことにする．ISO 9000:2005 と ISO 9000:2015 の用語の対比を表2.1（169ページ），表2.2（172ページ）に示す．

　上述したように，新用語は57 語にのぼり，かなりの用語が追加されている．これは，"リスク"（risk）や"組織の状況"（context of the organization）のように，ISO 9001:2015 に多くの新しい概念が導入されたこともあるが，TC 176 で開発された ISO 9000 ファミリー以外の規格の用語を取り込んだ影響もある．

　ISO 9000 では，"3.1 人に関する用語"，"3.2 組織に関する用語"のように，関連する用語をグルーピングしているが，このグルーピングがかなり変更されている．グループの数自体が10 から13 に増えるとともに，グルーピングの観点も変更されているものがある．

　ISO 9000:2005 から引き継がれた81 語のうち，定義が一字一句同じものが36 語，何らかの変更があったものが45 語である．ただし，変更があった45 語では，文面が変わったものの本質的な意味，意図が変わっていないものは28 語であり，実質的に意味，意図が変わったのは17 語である．

　実質的に意味，意図が変わった用語に関しては，検討過程が全て公開されているわけではないので，変更理由は明確になっていない．推測の範囲ではあるが，サービス業に配慮した，実際の適用場面を考慮して定義を広げた，他の専門規格の用語を採用したなど，様々なものがある．ただし，定義が非常に大きく変わったものは"製品"ぐらいであり，旧版との違いをそれほど意識しなくてよい．

　意味や意図を変えていないのに文面が変わった用語には，次の四つのタイプがある．

・タイプ1：製品の定義が変わったことによる
・タイプ2：対象（object）・実体（entity）・アイテム（item）という用語

が復活したことによる

・タイプ3：定義の方式が修正されたことによる

・タイプ4：言葉遣いの変更による

これらのタイプについて，以下で例とともに説明する．

タイプ1は，製品とサービスの定義が変わり，これまで"製品"と表現していたのを，"製品及びサービス"に変更したことに伴うものである．製品の定義の変更は後に詳述するが，これまでサービスは製品の一種であったが，今回の改訂で製品とサービスは別なものとなった．いわゆる組織が生み出すアウトプットを，製品（ハードウェア，素材製品，ソフトウェア）とサービスの大きく2種類に分けたことになる．この変更から，例えば"供給者（supplier）"は，2006年版では"製品を提供する組織又は人"であったが，2015年版では"製品又はサービスを提供する個人又は組織"と変更された．この例から，"意味は変わっていない"ということの主旨を理解していただけると思う．

タイプ2は，"製品，プロセス又はシステム"のように，関連するものを列挙していた代わりに，"対象（object）"に置き換えることにした変更によるものである．対象（object）・実体（entity）は，1994年版の用語規格であるISO 8402:1994で使われていた用語である（正確には，entity/itemという用語であった）が，訳しにくい，わかりにくいという理由で，2000年版では削除された．それが，今回の改訂で復活した．使い方を説明するために，"品質特性（quality characteristics）"を例にとる．ISO 9000:2005では，"要求事項に関連する，製品，プロセス又はシステムに本来備わっている特性"(inherent characteristic of a product, process or system related to a requirement）と定義されており，ISO 9000:2015では"要求事項に関連する，対象に本来備わっている特性"(inherent characteristic of an object related to a requirement）と改訂された．これを比較すれば，"製品，プロセス又はシステム"="対象"となったことがわかる．2000年版では，"もの（entity）"を削除した代わりに，それまでに"もの（entity）"が意味していたものは，全て定義中に入れることにしていた．こうすると定義が長くなるし，全てを書き入れること

が不可能な場合もあるので，2015年版では対象・実体（object・entity）を復活させている．当然，用語の意味は変わらない．

　タイプ3は，"マネジメント（management）"と"品質マネジメント（quality management）"を見るとわかりやすい．2005年版でマネジメントは，"組織を指揮し，管理するための調整された活動"，品質マネジメントは，"品質に関して組織を指揮し，管理するための調整された活動"となっていた．つまり，品質マネジメントの定義において，"品質に関して"以下は，マネジメントの定義文がそのまま入っている．一方2015年版では，マネジメントの定義は2005年版と同じであるが，品質マネジメントは"品質に関するマネジメント"となっており，マネジメントという用語を入れていることがわかる．これも，用語の意味は変わらない．

　タイプ4は，多少言葉遣いを変えたが，意味は変わらないと考えられるものである．例えば，"品質マニュアル（quality manual）"は，旧版では"組織の品質マネジメントシステムを規定する文書"であったが，新版では"組織の品質マネジメントシステムについての仕様書"となっている．文書が仕様書に変更されているが，真意は同じである．

　以下では，ISO 9000:2015の主だった用語について，定義されていることの本質や背景，関連用語との意味の相違，訳語の選択などを解説する．各項の見出しには，取り上げた用語の項番と用語，そしてその後の【　】に変更の種別を示す．変更の種別としては，旧版（ISO 9000:2005）から全く変更がなかったものは"変更なし"，上述の四つのタイプの場合は"タイプ○"，意味が変わったものは"変更"，そして新しく定義されたものは"新規"と表示する．既に2000年版からISO 9000ファミリーに精通している方は，意味が変わった用語，新規用語を注意して読むとよいだろう．

　なお，ISO 9000:2015を解説するに当たってはJIS Q 9000:2015を引用するため，原則，規格番号もJISで表記することとし，その他のISO規格についても，JISがある場合にはJISで表記する．

3.1 人又は人々に関する用語

3.1.1 トップマネジメント【変更なし】

JIS Q 9000:2015

3.1.1 トップマネジメント（top management）
最高位で**組織**（3.2.1）を指揮し，管理する個人又はグループ．
- 注記1 トップマネジメントは，**組織**（3.2.1）内で，権限を委譲し，資源を提供する力をもっている．
- 注記2 **マネジメントシステム**（3.5.3）の適用範囲が**組織**（3.2.1）の一部だけの場合，トップマネジメントとは，組織内のその一部を指揮し，管理する人をいう．
- 注記3 この用語定義は，ISO/IEC 専門業務用指針—第1部：統合版 ISO 補足指針の**附属書 SL** に示された ISO マネジメントシステム規格の共通用語及び中核となる定義の一つを成す．

"トップマネジメント"は，いわゆる組織の最上位経営者・管理者のことである．注記2から，事業部や工場を品質マネジメントシステムの適用範囲としている場合，事業部長や工場長がトップマネジメントにあたることがわかる．

"マネジメント"は運営管理活動だけでなく，運営管理をする人，すなわち経営者，管理者を指す場合がある．この意味で用いる場合には，"マネジメント"を単独で用いてはならず，何らかの修飾語をつけて用いるということが，"3.3.3 マネジメント，運営管理"の注記2に述べられている．その注記にもあるように，"トップマネジメント"は，その使い方の代表例である．JIS Q 9001 においては，旧版にあった"経営者の責任"（management responsibility）という表現がなくなったので，この原則が守られている．

3.1.3　参画【新規】
3.1.4　積極的参加【新規】

---　JIS Q 9000:2015 ---

3.1.3　参画（involvement）
　活動，行事又は状況の一部を担うこと．

3.1.4　積極的参加（engagement）
　共通の**目標**（**3.7.1**）を達成するために活動に**参画**（**3.1.3**）し，寄与すること．

　いずれの用語も，JIS Q 9001 では実質的には使われておらず，JIS Q 9000 の中で，基本概念や，品質マネジメントの原則の一つである"人々の積極的参画"の解説の際に用いられている．
　人々が積極的に関与することは，組織活動が成功するための重要な要因である．参画，積極的参加は，いずれも人々の関与の状態を表したものであるが，参画よりも積極的参加のほうが，関わり具合，貢献の程度が強いことがわかる．TQM では，"全員参加"をスローガンとしていたが，これが積極的参加に近い概念である．

3.2　組織に関する用語

3.2.1　組織【変更】
3.2.2　組織の状況【新規】

---　JIS Q 9000:2015 ---

3.2.1　組織（organization）
　自らの**目標**（**3.7.1**）を達成するため，責任，権限及び相互関係を伴う独自の機能をもつ，個人又はグループ．
　注記 1　組織という概念には，法人か否か，公的か私的かを問わず，

自営業者，会社，法人，事務所，企業，当局，共同経営会社，**協会**（**3.2.8**），非営利団体若しくは機構，又はこれらの一部若しくは組合せが含まれる．ただし，これらに限定されるものではない．

注記 2　この用語及び定義は，ISO/IEC 専門業務用指針—第 1 部：統合版 ISO 補足指針の**附属書 SL** に示された ISO マネジメントシステム規格の共通用語及び中核となる定義の一つを成す．元の定義の注記 1 を変更した．

3.2.2　組織の状況（context of the organization）

組織（**3.2.1**）がその**目標**（**3.7.1**）設定及び達成に向けてとるアプローチに影響を及ぼし得る，内部及び外部の課題の組合せ．

注記 1　組織の目標は，その**製品**（**3.7.6**）及び**サービス**（**3.7.7**），投資，並びに**利害関係者**（**3.2.3**）に対する行動に関連し得る．

注記 2　組織の状況という概念は，非営利又は公共サービスの**組織**（**3.2.1**）に対しても，営利組織に対する場合と同様に適用される．

注記 3　組織の状況という概念は，**組織**（**3.2.1**）の "事業環境（business environment）"，"組織環境（organizational environment）"，"組織のエコシステム（ecosystem）" などといわれる場合もある．

注記 4　**インフラストラクチャ**（**3.5.2**）を理解することは，組織の状況を定める上で役立ち得る．

"組織" の定義は，"自らの目標を達成するため" と，"独自の機能をもつ" という表現が旧版に加わっている．附属書 SL の定義をそのまま採用しているので表現は変わったが，本質的な意味は変わらない．

"組織の状況"は，今回の改訂で新しく加わった重要な概念の一つである．注記3にあるように，事業環境，組織環境のように，組織が置かれている経営環境を意味している．具体的には，組織内部及び外部の課題として示される．解決すべき課題によってどのような品質マネジメントシステムにすべきか，どういった活動に重点を置くべきかが決まるので，組織の状況を理解して品質マネジメントシステムを計画することが重要である．理解するために何をすべきかは，JIS Q 9001 の "4 組織の状況" に示されている．

注記3にある "エコシステム" とは，本来は生物とその環境の構成要素を一つのシステムとして捉える "生態系" を意味する用語である．近年は，生物以外についても，例えば複数の組織が事業等でパートナシップを組み，それぞれの技術や資本を生かしながら，関連するパートナ，消費者や社会を巻き込み，業界の枠や国境を超えて広く共存共栄していく仕組み，あるいは広くは，経済的な依存関係や協調関係，産業構造，事業構造，企業間の連携関係全体など，組織を取り巻く利害関係者との関係の全貌を意味するように拡大して使われることが多い．

3.2.3 利害関係者，ステークホルダー【変更】
3.2.4 顧客【変更】
3.2.5 提供者，供給者【タイプ1】
3.2.6 外部提供者，外部供給者【新規】

――― JIS Q 9000:2015 ―――

3.2.3 利害関係者(interested party)，ステークホルダー(stakeholder)

ある決定事項若しくは活動に影響を与え得るか，その影響を受け得るか，又はその影響を受けると認識している，個人又は組織（3.2.1）．

例 顧客（3.2.4），所有者，組織（3.2.1）内の人々，提供者（3.2.5），銀行家，規制当局，組合，パートナ，社会（競争相手又は対立する圧力団体を含むこともある．）

注記 この用語及び定義は，ISO/IEC 専門業務用指針―第1部：統

合版 ISO 補足指針の**附属書 SL** に示された ISO マネジメントシステム規格の共通用語及び中核となる定義の一つを成す．元の定義にない例を追加した．

3.2.4　顧客（customer）

個人若しくは**組織**（3.2.1）向け又は個人若しくは組織から要求される**製品**（3.7.6）・**サービス**（3.7.7）を，受け取る又はその可能性のある個人又は組織．

> 例　消費者，依頼人，エンドユーザ，小売業者，内部**プロセス**（3.4.1）からの**製品**（3.7.6）又は**サービス**（3.7.7）を受け取る人，受益者，購入者
>
> 注記　顧客は，**組織**（3.2.1）の内部又は外部のいずれでもあり得る．

3.2.5　提供者（provider），供給者（supplier）

製品（3.7.6）又は**サービス**（3.7.7）を提供する**組織**（3.2.1）．

> 例　**製品**（3.7.6）又は**サービス**（3.7.7）の生産者，流通者，小売業者又は販売者
>
> 注記 1　提供者は，**組織**（3.2.1）の内部又は外部のいずれでもあり得る．
>
> 注記 2　契約関係においては，提供者は "契約者" と呼ばれる．

3.2.6　外部提供者（external provider），外部供給者（external supplier）

組織（3.2.1）の一部ではない**提供者**（3.2.5）．

> 例　**製品**（3.7.6）又は**サービス**（3.7.7）の生産者，流通者，小売業者又は販売者

"利害関係者（interested party）" は，2000 年版で導入された用語である．

そのときは，用語を検討している TC 176/SC 1 の中で，"利害関係者（interested party）"は，利に関連する人の意味で用いることが合意されており，2000年版の定義にある組織の例示には，競合相手や圧力団体は含まれていなかった．また，JIS Q 9000:2000 の"0.2 品質マネジメントの原則"においては，"全ての利害関係者のニーズに取り組むとともに"という表現が用いられていたように，顧客の拡大概念で用いることが了解されていた．

顧客の拡大概念という意味では，英語では stakeholder のほうが適切な用語であったが，ISO 14000 ファミリーでは interested party が使われており整合性を考慮したこと，stakeholder は法律関係の特殊用語として使われることがあることから，interested party が採用された．

今回の改訂では，"利害関係者"，"ステークホルダー"は，附属書 SL の定義を新たに採用した．利害関係者，ステークホルダーは，何らかの意味で組織から影響を受ける，又はそのような認識をもっている人，そして逆に組織に影響を与える可能性のある人や組織のことを指す．例に示されているように，利に関係する人だけでなく害に関係する人も利害関係者であり，多くの人や組織が含まれる．今回の改訂で，一般の意味での利害関係者，すなわち利害の双方に関連する人々を指す用語に変わったことがわかる．しかも，実際に影響を受けたかどうかだけでなく，影響を受けると認識している人も含まれており，かなり広範な人や組織を意味していると考えたほうがよい．

このような変更が行われたのは，附属書 SL の採用が直接的な理由であるが，品質マネジメントシステムは，単に直接顧客を満足させるためだけに運営するのではなく，利害関係者のニーズや期待を十分理解して運営する必要性が高まったためである．"Output Matters"（"3.7.8 パフォーマンス"の項参照）の解決を含め，組織には，社会的責任を果たすために品質マネジメントシステムを運用するという自覚が必要である．

顧客の定義の表現は，旧版から大きく変わっているが，意味するものはあまり変わっていない．要するに製品やサービスを受け取る人や組織であり，B to B でも B to C でも受け取る側が顧客である．また，例には"内部プロセスか

らの製品又はサービスを受け取る人"が追加されており，いわゆる後工程はお客様のように，組織内の後工程も顧客である．また，"受け取る"人だけでなく，"その可能性のある"人も顧客である．製品を受け取ったら顧客になるのではなく，特に契約型製品の場合は，製品を受け取る前に顧客としての供給者とのやりとりがかなり多いのが一般的である．注文をしてまだ製品を受け取っていない人はもちろん顧客であるし，潜在顧客，これから買ってもらえるかもしれない市場にいる人も顧客である．今回の変更により，現実を反映した定義になったといえる．

JIS Q 9001 においては，サプライチェーンを"供給者→組織→顧客"という流れで表すことを前提としている．定義からもわかるように，"組織"は供給者から製品を受け取ることもあるので顧客と見ることもできるし，製品を顧客に提供することから供給者にもなり得る．したがって，JIS Q 9001 において特に断りなく供給者，組織，顧客という用語が用いられている場合は，供給者→組織→顧客というサプライチェーンにおける各プレーヤを指していることを理解しておくべきである．

"供給者"は旧版から定義されていたが，"提供者"が見出し語として追加された．ただし，これは製品とサービスが別のものになったので，製品は供給（supply）する，サービスは提供（provide）するのように区別したほうがよいことから，追加された見出し語である．

今回の改訂において，組織外部の供給者から供給を受ける場合を意識して，"外部提供者"，"外部供給者"という用語が導入されている．JIS Q 9001 の附属書 A，箇条 A.1 にあるように，これまで"供給者（supplier）"と呼んできたものは，"外部供給者（external supplier）"に置き換えられたことが説明されている．したがって，JIS Q 9001 では，サプライチェーンを"外部供給者→組織→顧客"という用語で表すことに変更されている．先の箇条 A.1 には，"組織で用いる用語を，品質マネジメントシステム要求事項を規定するためにこの規格で用いている用語に置き換えることは要求していない．組織は，それぞれの運用に適した用語を用いることを選択できる（例 "文書化した情報"

ではなく,"記録","文書類"又は"プロトコル"を用いる."外部提供者"ではなく,"供給者","パートナ"又は"ベンダー"を用いる)"という記述があり,それぞれの運用に適した用語を用いてよいことがわかる.

例に挙げられているものが,いずれも顧客,供給者になり得るということである.それぞれの注記によって,顧客は外部のみでなく,内部にも考え得ることが示されている.しかし,JIS Q 9001 の規定の中で "customer" が用いられている場合は,組織外部の顧客を指している.したがって,品質マネジメントシステムによって満足を与える,あるいは品質保証しようとする顧客を適切に選定しないと,認証の社会的意義に照らして,意味が薄れることに留意しなければならない.例えば,社内の営業部門を顧客にするような認証範囲の決め方は,その品質マネジメントシステムが JIS Q 9001 に適合していると認められても,社会的にはほとんど意味がない.

3.3　活動に関する用語

3.3.1　改善【新規】
3.3.2　継続的改善【変更】
3.3.8　品質改善【変更なし】

──────────────────────────── JIS Q 9000:2015 ──

3.3.1　改善(improvement)
　パフォーマンス(3.7.8)を向上するための活動.
　　注記　活動は,繰り返し行われることも,又は一回限りであることもあり得る.

3.3.2　継続的改善(continual improvement)
　パフォーマンス(3.7.8)を向上するために繰り返し行われる活動.
　　注記1　改善(3.3.1)のための目標(3.7.1)を設定し,改善(3.3.1)の機会を見出すプロセス(3.4.1)は,監査所見(3.13.9)

3.3 活動に関する用語　　　　　　　　　　93

及び**監査結論**（**3.13.10**）の利用，**データ**（**3.8.1**）の分析，**マネジメント**（**3.3.3**）**レビュー**（**3.11.2**）又は他の方法を活用した継続的なプロセスであり，一般に**是正処置**（**3.12.2**）又は**予防処置**（**3.12.1**）につながる．

注記 2　この用語及び定義は，ISO/IEC 専門業務用指針—第 1 部：統合版 ISO 補足指針の**附属書 SL** に示された ISO マネジメントシステム規格の共通用語及び中核となる定義の一つを成す．元の定義にない注記 1 を追加した．

3.3.8　品質改善（quality improvement）

品質要求事項（**3.6.5**）を満たす能力を高めることに焦点を合わせた**品質マネジメント**（**3.3.4**）の一部．

注記　**品質要求事項**（**3.6.5**）は，**有効性**（**3.7.11**），**効率**（**3.7.10**），**トレーサビリティ**（**3.6.13**）などの側面に関連し得る．

"改善"という用語は，旧版では定義されていなかったので新規の用語になるが，旧版では継続的改善は定義されていたので，その継続的に当たる部分を除くと，旧版では"要求事項を満たす能力を高めるために行われる活動"を意味していたことがわかる．今回の改訂では，パフォーマンスを向上するための活動に変化している．パフォーマンスの定義は，"測定可能な結果"であるから，結果をよくするための活動であることが明示されたといえる．もちろん，旧版のように能力を高めれば結果はよくなるのであるが，"Output matters"（"3.7.8 パフォーマンス"の項参照）を意識して，より明示的な定義となっている．

継続的の意味は，改善活動が続いていればよいということであり，ある一つの問題について改善し続けなければならないということではない．組織の中で，改善という活動が途切れなく継続しているという意味である．

品質改善の定義は変わっていない．新しく定義された改善の定義を使えば，

"品質に関する改善", ないしは "品質に関するパフォーマンスを向上するための活動" という定義になってもよいはずだが, 旧版のままになっている. その理由は明確ではないが, この規格で考えている品質マネジメントの四つの活動の整合性を保ちたかったのかもしれない ("3.3.4 品質マネジメント" の項参照). 上述したように, 品質要求事項を満たす能力を高めることによってパフォーマンスが向上するので, 実質的な意味の違いはない. 実は, JIS Q 9001 では, 品質改善という用語は使われていない. 改善又は継続的改善が使われている.

　ここで定義されているのは改善の一般的意味であり, 何を改善の対象とするかは, 各規格の中で規定されることになる. JIS Q 9001:2008 では, 品質マネジメントシステムの有効性の改善であった. JIS Q 9001:2015 では, "10 改善" の "10.1 一般" において, 改善の対象として "a)要求事項を満たすため, 並びに将来のニーズ及び期待に取り組むための, 製品及びサービスの改善, b)望ましくない影響の修正, 防止又は低減, c)品質マネジメントシステムのパフォーマンス及び有効性の改善" と規定されている. また, "10.3 継続的改善" では, "組織は, 品質マネジメントシステムの適切性, 妥当性及び有効性を継続的に改善しなければならない" と規定されている. 改訂版により, 改善の対象としてはかなり広がったと考えるのが妥当である. この詳細は, 第1部 3.2 節(3)を参照されたい.

　3.3.3　マネジメント, 運営管理【変更なし】
　3.5.1　システム【変更なし】
　3.5.3　マネジメントシステム【変更】
　3.5.4　品質マネジメントシステム【タイプ3】

―――――――――――――――――――――― JIS Q 9000:2015 ―

3.3.3　マネジメント, 運営管理 (management)
　　組織 (3.2.1) を指揮し, 管理するための調整された活動.
　　注記1　マネジメントには, 方針 (3.5.8) 及び目標 (3.7.1) の確

立，並びにその目標を達成するための**プロセス**（**3.4.1**）が含まれることがある．

注記2　"マネジメント"という言葉が人を指すことがある．すなわち，**組織**（**3.2.1**）の指揮及び管理を行うための権限及び責任をもつ個人又はグループを意味することがある．"マネジメント"がこの意味で用いられる場合には，この項で定義した，一連の活動としての"マネジメント"の概念との混同を避けるために，常に何らかの修飾語を付けて用いるのがよい．例えば，"マネジメントは……しなければならない．"は使ってはならないが，"**トップマネジメント**（**3.1.1**）は……しなければならない．"を使うことは許される．このほか，その概念が人に関係することを伝えるために，例えば，"経営者・管理者の"，"管理者"のような別の言葉を用いることが望ましい．

3.5.1　システム（system）

相互に関連する又は相互に作用する要素の集まり．

3.5.3　マネジメントシステム（management system）

方針（**3.5.8**）及び**目標**（**3.7.1**），並びにその目標を達成するための**プロセス**（**3.4.1**）を確立するための，相互に関連する又は相互に作用する，**組織**（**3.2.1**）の一連の要素．

注記1　一つのマネジメントシステムは，例えば，**品質マネジメント**（**3.3.4**），財務マネジメント，環境マネジメントなど，単一又は複数の分野を取り扱うことができる．

注記2　マネジメントシステムの要素は，目標を達成するための，**組織**（**3.2.1**）の構造，役割及び責任，計画，運用，**方針**（**3.5.8**），慣行，規則，信条，**目標**（**3.7.1**）及びプロセス

　　　　　　　　　　　第 2 部　ISO 9000:2015　用語の解説

　　　　　　（**3.4.1**）を確立する．
　　注記 3　マネジメントシステムの適用範囲としては，**組織**（**3.2.1**）全体，組織内の固有で特定された機能，組織内の固有で特定された部門，複数の組織の集まりを横断する一つ又は複数の機能，などがあり得る．
　　注記 4　この用語及び定義は，ISO/IEC 専門業務用指針―第 1 部：統合版 ISO 補足指針の**附属書 SL** に示された ISO マネジメントシステム規格の共通用語及び中核となる定義の一つを成す．元の定義の注記 1 ～注記 3 を変更した．

3.5.4　品質マネジメントシステム（quality management system）
　品質（**3.6.2**）に関する，**マネジメントシステム**（**3.5.3**）の一部．

　"マネジメント（management）" 及び "マネジメントシステム（management system）" の定義から，"マネジメント" とは，"方針及び目標を定め，その目標を達成するために，組織を指揮し，管理するための調整された活動" を意味することがわかる．"マネジメント" の定義には含まれていないのだが，"目標を達成するため" に行う活動であることを理解することが重要である．

　"management" の対応日本語としては，"マネジメント" というカタカナ表記が一般化してきており，"management" と "control" とを明確に区別するために，"management" には "マネジメント" を，"control" には "管理" を訳語として選定している．文脈によっては，"マネジメント" は "運営管理" と訳したほうが適切な場合があるので，これも訳語として用いる場合がある．

　"システム" には様々な定義が考えられるが，ここでの定義は，複数の要素が有機的に関係し合い，全体としてまとまった機能を発揮している要素の集合体のことを意味している．システムを特定するには，その中の要素が何で，それらにどのような関係があるかを示すことが必要になる．

　"マネジメント"，"システム" の定義は変わっていないのだが，"マネジメン

トシステム"の定義は少し変更されている．"達成するための<u>プロセスを確立するための</u>"という表現の下線の部分が追加されている．マネジメントシステムにおいては，目標を達成するためにはプロセスを運用する．これは，これまでの版と変わらない考え方であるが，より明示的にプロセスを確立することが定義に示されたことになり，プロセスアプローチを強調するための変更と見てよい．

　プロセスは，マネジメントシステムの重要な構成要素である．プロセスとは，インプットをアウトプットに変換することを可能にするために，資源を使って運営管理される活動の集合体である．マネジメントシステムには，プロセスでの変換方法を規定する手順書などの規定類や，プロセスを構成する要素である人，設備などの経営資源が含まれる．これらは，マネジメントシステムの定義文中にある一連の要素の例である．

　"品質マネジメントシステム"とは，"品質マネジメント"と"システム"の定義から，品質に関して組織を指揮し，管理するために行われる活動を構成する要素の集まりである．言い換えれば，品質を達成するための仕組み，業務のやり方を規定する要素である．要素には，組織，手順，プロセス，資源が含まれる．例えば，作業標準などの業務手順を定めた文書類，業務を実施する人，業務で使われる設備・道具，それらをマネジメントする活動，組織構造などがある．また，品質マネジメントシステムは，マネジメントシステムの一種であり，マネジメントシステムの定義から，品質に関わる方針と目標を定めて，その目標を達成するために運用するものである．

3.3.4　品質マネジメント【タイプ3】

3.3.5　品質計画【変更なし】

3.3.6　品質保証【変更なし】

3.3.7　品質管理【変更なし】

3.3.8　品質改善【変更なし】

3.3.4 品質マネジメント（quality management）

品質（3.6.2）に関するマネジメント（3.3.3）．

　　注記　品質マネジメントには，品質方針（3.5.9）及び品質目標（3.7.2）の設定，並びに品質計画（3.3.5），品質保証（3.3.6），品質管理（3.3.7）及び品質改善（3.3.8）を通じてこれらの品質目標を達成するためのプロセス（3.4.1）が含まれ得る．

3.3.5 品質計画（quality planning）

品質目標（3.7.2）を設定すること及び必要な運用プロセス（3.4.1）を規定すること，並びにその品質目標を達成するための関連する資源に焦点を合わせた品質マネジメント（3.3.4）の一部．

　　注記　品質計画書（3.8.9）の作成が，品質計画の一部となる場合がある．

3.3.6 品質保証（quality assurance）

品質要求事項（3.6.5）が満たされるという確信を与えることに焦点を合わせた品質マネジメント（3.3.4）の一部．

3.3.7 品質管理（quality control）

品質要求事項（3.6.5）を満たすことに焦点を合わせた品質マネジメント（3.3.4）の一部．

3.3.8 品質改善（quality improvement）

品質要求事項（3.6.5）を満たす能力を高めることに焦点を合わせた品質マネジメント（3.3.4）の一部．

　　注記　品質要求事項（3.6.5）は，有効性（3.7.11），効率（3.7.10），トレーサビリティ（3.6.13）などの側面に関連し得る．

"品質マネジメント"の注記にあるように，この規格での品質マネジメントは，品質方針及び品質目標を設定し，それを達成するために品質計画，品質管理，品質保証及び品質改善という四つの活動を行うことである．

品質計画は，特定の製品，プロジェクト又は契約の品質目標設定，並びに目標達成の計画立案行為である．JIS Q 9001 では，"8.1 運用の計画及び管理"（旧版では，"7.1 製品実現の計画"に対応する）で規定されている行為である．

一方，"6 計画"は，品質マネジメントシステムを計画する行為が規定してある．この計画は，特定の製品，プロジェクト又は契約に関するものではないので，品質マネジメントの計画と呼んで，品質計画とは区別したほうがよい．なお，JIS Q 9001:2008 では，品質マネジメントシステムの計画は 5.4.2 にまとめられていたが，JIS Q 9001:2015 では，附属書 SL の構造を遵守したので，4.3, 4.4, 6.2 に分散して記述されることになった．

"品質管理（quality control）"（QC）は日本でもなじみの用語であるが，日本で一般的に使用している意味とは違うので注意が必要である．日本では"品質マネジメント＝QC"と考えているが，欧米の認識では QC とは"品質要求事項を満たすための実施技法と活動"であり，日本での概念よりずっと狭い．まず，出発点が"品質要求事項"である．既に"品質計画"によって品質要求事項は明らかにされているはずだからである．次に，総合的な活動ではなく，品質要求事項を満たすためのツール・技法・手法，活動要素である．一方，日本で"品質管理"と呼んできたものは"quality management"である．国際的な場では，日本での品質管理を意味する用語として"quality control"という用語は使わないほうがよい．

"quality assurance"という用語も日本でよく使われる．"品質保証"と訳されて使われているが，1960 年代から 1980 年代にかけて構築してきた日本的品質マネジメントで目指した品質保証とは意味がずいぶん違う．日本では品質マネジメント活動の目的，あるいは中心的活動という程度の意味に使っている．当時の日本で用いられる品質マネジメント用語を規定していた JIS Z 8101（品質管理用語）では，"消費者の要求する品質が十分に満たされている

ことを保証するために，生産者が行う体系的活動"となっていて，品質マネジメント活動全体を示すような定義であった．

　JIS Q 9000 ファミリー規格での品質保証の特徴は，品質管理と同様に，出発点が品質要求事項である．したがって，既に品質計画という行為によって明らかにされている，その要求事項を満たすことについての信頼感を与える活動であって，先の日本的品質マネジメントでの品質保証よりは狭い活動である．

　また，品質保証では"実証"という側面に力点が置かれている．品質を保証することは，妥当な品質マネジメントシステムをもち，効果的に運用していることを，証拠をもって示す活動を意味する．手順書とその手順書どおりに実施したことを記録で示すことが，実証の基本である．その結果として，必然的に，監視，測定，監査，レビューなどの実施，文書，記録などの管理がその中心的活動となるのである．

　品質改善における改善の対象は，品質要求事項に依存して決まることになる．ここでの注記には，"品質要求事項は，有効性，効率，トレーサビリティなどの側面に関連し得る．"と説明されている．有効性，効率とともにトレーサビリティが記述してあるのは違和感があるかもしれないが，意図は要求事項に関連する側面の例を示すことにある．有効性，効率以外に，JIS Q 9001 の中で取り上げられている要求事項の側面としてトレーサビリティがあることから選ばれた．経済性や信頼性などのほうがわかりやすい例であるが，JIS Q 9001 ではこれらの側面は扱っていないので，誤解がないようにあえて取り上げていない．

3.4 プロセスに関する用語

3.4.1　プロセス【変更】
3.7.5　アウトプット【新規】
3.7.6　製品【変更】
3.7.7　サービス【新規】

― JIS Q 9000:2015

3.4.1　プロセス（process）

インプットを使用して意図した結果を生み出す，相互に関連する又は相互に作用する一連の活動．

注記1　プロセスの"意図した結果"を，**アウトプット**（**3.7.5**），**製品**（**3.7.6**）又は**サービス**（**3.7.7**）のいずれと呼ぶかは，それが用いられている文脈による．

注記2　プロセスのインプットは，通常，他のプロセスから**のアウトプット**（**3.7.5**）であり，また，プロセスからのアウトプットは，通常，他のプロセスへのインプットである．

注記3　連続した二つ又はそれ以上の相互に関連する及び相互に作用するプロセスを，一つのプロセスと呼ぶこともあり得る．

注記4　**組織**（**3.2.1**）内のプロセスは，価値を付加するために，通常，管理された条件の下で計画され，実行される．

注記5　結果として得られる**アウトプット**（**3.7.5**）の**適合**（**3.6.11**）が，容易に又は経済的に確認できないプロセスは，"特殊工程（special process）"と呼ばれることが多い．

注記6　この用語及び定義は，ISO/IEC 専門業務用指針―第1部：統合版 ISO 補足指針の**附属書 SL** に示された ISO マネジメントシステム規格の共通用語及び中核となる定義の一つを成す．ただし，プロセスの定義とアウトプットの定義との間の循環を防ぐため，元の定義を修正した．また，元の定義にな

い注記1〜注記5を追加した．

3.7.5 アウトプット（output）
プロセス（**3.4.1**）の結果．

注記　**組織**（**3.2.1**）のアウトプットが**製品**（**3.7.6**）又は**サービス**（**3.7.7**）のいずれであるかは，アウトプットがもっている**特性**（**3.10.1**）のうちのどれが優位かということに左右される．

例　画廊で売出し中の絵画は製品であるのに対して，委託された絵画を提供することはサービスである．小売店で購入されたハンバーガーは製品であるのに対して，レストランでハンバーガーの注文を受け，提供することはサービスの一部である．

3.7.6 製品（product）
組織（**3.2.1**）と**顧客**（**3.2.4**）との間の処理・行為なしに生み出され得る，組織の**アウトプット**（**3.7.5**）．

注記1　製品の製造は，**提供者**（**3.2.5**）と**顧客**（**3.2.4**）との間で行われる処理・行為なしでも達成されるが，顧客への引き渡しにおいては，提供者と顧客との間で行われる処理・行為のような**サービス**（**3.7.7**）要素を伴う場合が多い．

注記2　製品の主要な要素は，一般にそれが有形であることである．

注記3　ハードウェアは，有形で，その量は数えることができる**特性**（**3.10.1**）をもつ（例　タイヤ）．素材製品は，有形で，その量は連続的な特性をもつ（例　燃料，清涼飲料水）．ハードウェア及び素材製品は，品物と呼ぶ場合が多い．ソフトウェアは，提供媒体にかかわらず，**情報**（**3.8.2**）から構成される（例　コンピュータプログラム，携帯電話のアプリケーション，指示マニュアル，辞書コンテンツ，音楽の作曲著作権，運転免許）．

3.4 プロセスに関する用語

3.7.7 サービス (service)

組織 (3.2.1) と**顧客 (3.2.4)** との間で必ず実行される，少なくとも一つの活動を伴う組織の**アウトプット (3.7.5)**．

注記1　サービスの主要な要素は，一般にそれが無形であることである．

注記2　サービスは，サービスを提供するときに活動を伴うだけでなく，**顧客 (3.2.4)** とのインタフェースにおける，**顧客要求事項 (3.6.4)** を設定するための活動を伴うことが多く，また，銀行，会計事務所，公的機関（例　学校，病院）などのように継続的な関係を伴う場合が多い．

注記3　サービスの提供には，例えば，次のものがあり得る．
— **顧客 (3.2.4)** 支給の有形の**製品 (3.7.6)**（例　修理される車）に対して行う活動
— 顧客支給の無形の製品（例　納税申告に必要な収支情報）に対して行う活動
— 無形の製品の提供［例　知識伝達という意味での**情報 (3.8.2)** 提供］
— 顧客のための雰囲気作り（例　ホテル内，レストラン内）

注記4　サービスは，一般に，**顧客 (3.2.4)** によって経験される．

今回の改訂では，"製品"の概念が大きく変更された．旧版では，プロセスの結果である製品の中にサービス，ハードウェア，ソフトウェア，素材製品という四つのカテゴリがある，という考え方であった．今回の改訂では，プロセスの結果を"アウトプット"と呼ぶことにし，アウトプットには製品とサービスという大きく分けて二つの種類がある，そして製品の中にハードウェア，ソフトウェア，素材製品の三つのカテゴリがある，のように変更された．

サービスを製品の中に含めるのは，サービス業にはわかりにくい，環境マネ

ジメントシステム規格と整合していないなど，以前から反対する意見が出ていた．今回の改訂中にもいろいろ議論があり，どのような用語を用いるべきかという個別の課題について，各国に投票による賛否を問うことまで行われた．最終的には，サービスをハードウェア等の製品とは区別し，規格中にも明示的にサービスという用語を記述する方式に変わった．その結果，先にも述べたが，これまで"製品"と記述されていたものは，基本的に"製品及びサービス"に変わることになり，タイプ１の変更となった用語が多くなった．

"プロセス"の定義も変更されている．旧版では"インプットをアウトプットに変換する"であったが，"アウトプット"が"意図した結果"に変更されている．意図しない副産物が生まれ，それが望ましくないものであれば，そのプロセスは改善しなければならない．

新版の定義では，製品とサービスの本質的な違いは，顧客との間のやりとりの有無である．ただし，製品とサービスを明確に線引きすることは難しい．"アウトプット"，"製品"，"サービス"の注記を見ればわかるように，製品とサービスが混在するアウトプットはよくあることであり，製品は有形，サービスは無形というのも，そうであることは多いが，当てはまらない場合も多々ある．製品とサービスが区別されることになったのは大きな変化ではあるが，それによる JIS Q 9001 の要求事項の変化はないと考えてよい．サービスにも適用できることを強調するための変更と理解すればよい．

今回の改訂で，製品もサービスも"組織の"アウトプットであることが定義に入れられた．個人ではなく組織が提供していることをより明確化する必要性が生じたのは，それを組織として提供しなければ，品質保証・品質マネジメントが困難であることを強調したかったためと考えられる．

3.4.5 手順【変更なし】

――― JIS Q 9000:2015 ―――

3.4.5 手順（procedure）
　活動又は**プロセス**（3.4.1）を実行するために規定された方法．

> 注記　手順は，文書にすることもあれば，しないこともある．

"手順"の定義は変更されていないが，手順書に関する注記2が削除されている．かつては，"手続き"という訳語も用いていたが，2000年版のときに"手順"に統一した．

ある目的を達成するための活動，又はプロセスの実行方法を規定したものを"手順"という．手順書といった場合には文書化されたものを指すが，手順は必ずしも文書化される必要がないことに留意したい．

3.4.6　外部委託する【新規】

> ─ JIS Q 9000:2015 ─
> **3.4.6　外部委託する（outsource）（動詞）**
> 　ある**組織**（3.2.1）の機能又は**プロセス**（3.4.1）の一部を外部の組織が実施するという取決めを行う．
> 　　注記1　外部委託した機能又は**プロセス**（3.4.1）は**マネジメントシステム**（3.5.3）の適用範囲内にあるが，外部の**組織**（3.2.1）はマネジメントシステムの適用範囲の外にある．
> 　　注記2　この用語及び定義は，ISO/IEC専門業務用指針―第1部：統合版ISO補足指針の**附属書SL**に示されたISOマネジメントシステム規格の共通用語及び中核となる定義の一つを成す．

外部委託することと購買とは何が違うのか，管理の方法はどう変えるべきなのかについては，旧版からいろいろな議論がなされてきている．これは"外部委託する"が定義されていないことが一因であり，今回の改訂で定義された．機能又はプロセス，すなわち業務の一部を外部の組織に実施してもらうことである．この定義で重要なのは，注記1である．機能又はプロセスを外部に委託したとしても，その機能又はプロセスは委託した側の組織のマネジメントシ

ステムの範囲内にあるということである．つまり，外部に委託しても，そのマネジメントは委託した側に責任があるということである．

外部から購入した製品であろうが，外部に委託した業務であろうが，品質マネジメントシステムの一要素として適切に管理しなければならないことは，旧版から変わらないことであるが，この定義と JIS Q 9001:2015 の 8.4 により，一層明確にされたといえる．すなわち，外部委託した業務は，組織の QMS の適用範囲外にある外部の組織により実施されるが，組織はその QMS の，JIS Q 9001 の 8.4 に規定される"外部から提供されるプロセス，製品及びサービスの管理"のプロセスにより，この業務の目的を達成するよう管理しなければならない．

3.4.8 設計・開発【タイプ1, タイプ4】

―― JIS Q 9000:2015 ――

3.4.8 設計・開発（design and development）

対象（3.6.1）に対する**要求事項**（3.6.4）を，その対象に対するより詳細な要求事項に変換する一連の**プロセス**（3.4.1）．

注記1 設計・開発へのインプットとなる**要求事項**（3.6.4）は，調査・研究の結果であることが多く，また，設計・開発からの**アウトプット**（3.7.5）となる要求事項よりも広範で，一般的な意味で表現されることがある．要求事項は，通常，**特性**（3.10.1）を用いて定義される．**プロジェクト**（3.4.2）には，複数の設計・開発段階が存在することがある．

注記2 "設計"，"開発"及び"設計・開発"という言葉は，あるときは同じ意味で使われ，あるときには設計・開発全体の異なる段階を定義するために使われる．

注記3 設計・開発されるものの性格を示すために，修飾語が用いられることがある［例 **製品**（3.7.6）の設計・開発，**サービス**（3.7.7）の設計・開発又は**プロセス**（3.4.1）の設計・開発］．

3.4 プロセスに関する用語

定義は変更されているが，本質的な意味は変更していない．まず，設計・開発の対象となる製品，プロセス又はシステムは，"対象"に置き換えられている．すなわち，タイプ1の変更である．もう1点は，旧版では"要求事項を特性又は仕様書に変換する"としていたが，"より詳細な要求事項に変換すること"に修正されている．これは，設計・開発のアウトプットは，特性又は仕様書に限らないことを考慮したためである．特性又は仕様書を含む要求事項に変換する行為を意味している．

2000年の改訂において，JIS Q 9001は，JIS Z 9901，JIS Z 9902及びJIS Z 9903の3規格が統合され，従来三つあった認証に用いられる規格が一つとなった．そこで"適用"によって，例えば，設計・開発行為を行っていない場合には，設計・開発に関する要求事項の適用を除外することができることとした．一方，"設計・開発"の行為があるにもかかわらず，設計・開発に関する要求事項を外すことはできなくなった．したがって，設計・開発とは何かを明確にしておく必要がある．そこで"設計・開発"が定義されることになった．

"設計・開発"とは，要求事項を，それを実現する対象（製品及びサービス，プロセス，システム）の仕様に変換する行為である．どこまでが設計で，どこまでが対象を実現するための開発であるかを区別するのは難しいので，"設計・開発"という一つの用語として扱うこととなった．

"design"，"development"は，英語でもいろいろな意味で用いられる．"design"のほうが"development"よりも広い概念と捉える場合もあれば，その逆もある．"design"のほうが広い意味と捉えている場合は，"development"は試作の意味で使う．"development"のほうが広い意味の場合は，"design"は"drawing"，すなわち図面を書くことを指す．このように英語でも，"design"と"development"とを区別する，あるいは一義的に意味を定めることは難しい．これが，注記2で述べられている．

設計・開発の対象としては，製品及びサービス，プロセス，システムなど様々なものがある．JIS Q 9001の8.3においては，"製品及びサービスの設計・開発"という表現が用いられており，対象は製品及びサービスである．

"製品及びサービスの設計・開発"とは，ある特定の製品及びサービスに対する要求事項を満たすような，その製品及びサービスを実現する仕様を確定する一連の活動を指す．したがって，論理的には製品及びサービスを実現するための工程設計とは別の活動と捉えることができるが，実際には工程設計とも深く関わる場合が多い．

例えば，化学製品においては，製品の仕様を工程とは独立に記述できるものもあれば，製品設計が工程の設計や操業条件の指定を意味するものもある．後者の場合には，製品設計と工程設計との明確な区別は難しい．顧客と接するプロセスであるサービスでは，サービス内容の指定という製品設計は，サービスプロセスにおける活動計画というプロセス設計にほかならない．

また，JIS Q 9001 の "8.3 製品及びサービスの設計・開発" の "8.3.1 一般" には，"組織は，以降の製品及びサービスの提供を確実にするために適切な設計・開発プロセスを確立し，実施し，維持しなければならない" と規定されている．"以降の製品及びサービスの提供を確実にするために" は，工程設計が無関係とは考えにくく，適切に工程設計を行うことも含まれると見るのが妥当である．要するに，JIS Q 9001 の 8.5 に従って，適切に製品及びサービスを提供していくために必要な設計・開発は，全て 8.3 で実施することが必要である．

このように，設計・開発にどの範囲までを含めて考えるべきかは一様に定めることは難しいので，個別のケースごとに十分検討する必要がある．その際の判断基準としては，JIS Q 9001 の "8 運用" に規定される要求事項のうち，どれを適用すれば，効果的な品質マネジメントシステムになるかということを考慮すべきである．すなわち，ここでの定義にあてはまるか否かではなく，検討対象の活動が，JIS Q 9001 の "8 運用" の要求事項を適用することによって，よい活動となり得るかという視点を考慮することが重要である．

3.5 システムに関する用語

3.5.2　インフラストラクチャ【変更なし】
3.5.5　作業環境【変更なし】

JIS Q 9000:2015

3.5.2　インフラストラクチャ（infrastructure）
＜組織＞**組織**（3.2.1）の運営のために必要な施設，設備及び**サービス**（3.7.7）に関する**システム**（3.5.1）．

3.5.5　作業環境（work environment）
作業が行われる場の条件の集まり．
　　注記　条件には，物理的，社会的，心理的及び環境的要因を含み得る（例えば，温度，照明，表彰制度，業務上のストレス，人間工学的側面，大気成分）．

インフラストラクチャも作業環境も，定義の変更はない．ただし，作業環境の注記1に，条件の例として業務上のストレスが追加されている．また，作業環境は人に対して影響を与えるものを意味する，という注記2も追加されている．

インフラストラクチャの定義にある施設，設備及びサービスが何を指すかについては，JIS Q 9001の"7.1.3　インフラストラクチャ"に例示がある．すなわち，施設とは，建物，作業場所及び電気，ガス，水などのユーティリティである．設備は，工作機械や搬送装置などの通常の設備を意味しているが，それを稼働させるためのソフトウェアも含まれる．サービスは，輸送，通信，情報システムなどの支援体制である．

作業環境には，注記に例示されているように，物理的なものとしては気温や湿度，社会的なものとしては表彰制度などの従業員のモラール，やる気などに関わる要因，心理的なものとしては業務上のストレス，過負荷がかからな

いように作業方法が工夫されているといった人間工学的側面，環境的要因としてはダスト，におい，汚染物質といった大気成分に関わるものがそれぞれ含まれる．ここでの要因は，人が作業をする上で人に影響を及ぼす要因を指しており，設備や機器に影響するものは含まれない．

3.5.8　方針【新規】
3.5.9　品質方針【タイプ3】
3.7.1　目標【新規】
3.7.2　品質目標【変更】

―― JIS Q 9000:2015 ――

3.5.8　方針（policy）
＜組織＞トップマネジメント（3.1.1）によって正式に表明された**組織**（3.2.1）の意図及び方向付け．
　注記　この用語及び定義は，ISO/IEC 専門業務用指針―第1部：統合版 ISO 補足指針の**附属書 SL** に示された ISO マネジメントシステム規格の共通用語及び中核となる定義の一つを成す．

3.5.9　品質方針（quality policy）
品質（3.6.2）に関する**方針**（3.5.8）．
　注記1　一般に品質方針は，**組織**（3.2.1）の全体的な**方針**（3.5.8）と整合しており，組織のビジョン（3.5.10）及び**使命**（3.5.11）と密接に関連付けることができ，**品質目標**（3.7.2）を設定するための枠組みを提供する．
　注記2　この規格に記載した**品質マネジメント**（3.3.4）の原則は，品質方針を設定するための基礎となり得る．

3.7.1 目標（objective）

達成すべき結果．

注記1　目標は，戦略的，戦術的又は運用的であり得る．

注記2　目標は，様々な領域（例えば，財務，安全衛生，環境目標）に関連し得るものであり，様々な階層［例えば，戦略的レベル，**組織**（**3.2.1**）全体，**プロジェクト**（**3.4.2**）単位，**製品**（**3.7.6**）ごと，**プロセス**（**3.4.1**）ごと］で適用できる．

注記3　目標は，例えば，意図する成果，目的，運用基準など，別の形で表現することもできる．また，**品質目標**（**3.7.2**）という表現の仕方もある．又は，同じような意味をもつ別の言葉［例　狙い（aim），到達点（goal），標的（target）］で表すこともできる．

注記4　**品質マネジメントシステム**（**3.5.4**）の場合，**組織**（**3.2.1**）は，特定の結果を達成するため，**品質方針**（**3.5.9**）と整合のとれた**品質目標**（**3.7.2**）を設定する．

注記5　この用語及び定義は，ISO/IEC 専門業務用指針—第1部：統合版 ISO 補足指針の**附属書 SL** に示された ISO マネジメントシステム規格の共通用語及び中核となる定義の一つを成す．元の定義の注記2を変更した．

3.7.2　品質目標（quality objective）

品質（**3.6.2**）に関する**目標**（**3.7.1**）．

注記1　品質目標は，通常，**組織**（**3.2.1**）の品質方針（**3.5.9**）に基づいている．

注記2　品質目標は，通常，**組織**（**3.2.1**）内の関連する機能，階層及び**プロセス**（**3.4.1**）に対して規定される．

"方針"は，附属書 SL で定義されている用語である．附属書 SL では，品

質，環境などのある分野のことを一般的に表現するために，"XXX"という記述が用いられている．例えば，附属書SLの4.4の表題は，"XXXマネジメントシステム"となっており，このXXXにJIS Q 9001では"品質"を，JIS Q 14001では"環境"を挿入する．附属書SLの5.2の表題がXXX方針となっていれば，XXXに品質を当てはめてJIS Q 9001の5.2の表題を品質方針と書けたのであるが，単に"方針"となっているので，それをそのまま遵守して"方針"という表題になっている．しかし，JIS Q 9001で規定しているのは，一般的な方針ではなく，品質方針についてのみである．方針，品質方針を合わせて考えると，品質方針の定義は旧版と変わっていない．

"品質方針"は，トップマネジメントによって表明される組織としての品質に関わる全般的な方向付けである．この方針を設定することが，トップマネジメントの役割の一つである．また，"品質方針"の注記1から，品質方針は全社的方針と整合のとれたものでなければならないことがわかる．

"目標"は，附属書SLで定義されている．方針と同様に，JIS Q 9001で規定されているのは一般的な目標ではなく，品質目標である．旧版の"追求し，目指すもの"が"達成すべき結果"に修正されているが，意図することは変化していない．

品質目標は，品質方針の展開という意味での目標と，製品，プロジェクトの目標の2種類がある．前者は，品質方針という品質に関する全般的な方向をブレークダウンした形で定められる具体的な目標である．後者は，個別の製品，プロジェクトに関して達成すべき品質に関する目標である．トップマネジメントは，両方の意味での品質目標がしかるべき部門において確実に設定され，また，達成されるような枠組みを構築し，それが正しく実行されていることを自身で確認する必要がある．

"品質目標"の注記2は，"適切なレベル，適切な組織単位で目標を定めるべきである"ということを意味している．適切なレベル，適切な組織単位とは，製品及びサービスの品質に影響を与える可能性のある組織活動の全て，品質マネジメントシステムの構築，支援，運用，パフォーマンス評価，改善など

に関与する部門の適切な組織レベルを意味している．

3.5.10　ビジョン【新規】
3.5.11　使命【新規】
3.5.12　戦略【新規】

JIS Q 9000:2015

3.5.10　ビジョン（vision）
＜組織＞トップマネジメント（3.1.1）によって表明された，**組織**（3.2.1）がどのようになりたいかについての願望．

3.5.11　使命（mission）
＜組織＞トップマネジメント（3.1.1）によって表明された，**組織**（3.2.1）の存在目的．

3.5.12　戦略（strategy）
長期的又は全体的な**目標**（3.7.1）を達成するための計画．

これらの用語は，いずれも新たに定義された．経営の方法論を考える際にはいずれも必要な概念であるが，JIS Q 9001には，直接関わる要求事項はない．品質マネジメントの原則に，これらに関わる記述がある．また，"3.5.9 品質方針"の注記1には，品質方針は"組織のビジョン及び使命と密接に関連付けることができる"と記述されている．

"ビジョン"は，組織が将来なりたい姿である．"使命"は，そもそも組織は何をすべきか，何をしたいかを表したものである．"戦略"は，使命やビジョンを達成するために何をやるか，すなわち方策を示したものである．これらの定義は，一般に経営を論じる際に用いる用語と同義であり，組織の存在目的に関する認識を使命で，その使命に関わる組織のありたい姿をビジョンで表現し，そのビジョン達成のための最上位の方策を戦略と位置付けることが多い．

3.6 要求事項に関する用語

3.6.1 対象，実体，項目【新規】

---JIS Q 9000:2015---

3.6.1 対象（object），実体（entity），項目（item）
認識できるもの又は考えられるもの全て．
　例　製品（3.7.6），サービス（3.7.7），プロセス（3.4.1），人，組織（3.2.1），システム（3.5.1），資源
　注記　対象は，物質的なもの（例　エンジン，一枚の紙，ダイヤモンド），非物質的なもの（例　変換率，プロジェクト計画），又は想像上のもの［例　組織（3.2.1）の将来の状態］の場合がある．
（ISO 1087-1:2000 の 3.1.1 を変更．）

"対象"，"実体"，"項目"は新規用語である．新規というよりも，復活というのが妥当かもしれない．"実体"は，第2部の最初に述べたように，1994年版のときの用語規格である ISO 8402:1994 で使われていた用語である（正確には，entity/item という用語であった）．"考慮の対象にしているもの"を表す用語が，定義において必要で導入された．しかし，訳しにくい，わかりにくいという理由で，2000年版では削除された．用語の定義の際に，"製品，プロセス又はシステム"のように考えられる対象を書き並べると定義が長くなるので，これを実体や対象で代用すれば簡潔になる．

　これらの用語は，定義を簡潔にするために導入されたものと理解すればよい．実際，JIS Q 9001 では，これらの用語は使われていない．

3.6.2 品質【タイプ2】

> JIS Q 9000:2015
>
> **3.6.2 品質（quality）**
>
> **対象（3.6.1）** に本来備わっている**特性（3.10.1）** の集まりが，**要求事項（3.6.4）** を満たす程度．
>
> 　注記1　"品質"という用語は，悪い，よい，優れたなどの形容詞とともに使われることがある．
>
> 　注記2　"本来備わっている"とは，"付与された"とは異なり，**対象（3.6.1）** の中に存在していることを意味する．

"対象に"という記述が加わっただけで，本質的な意味は変わっていない．"対象に"という表現からわかるように，この定義は製品やサービスだけでなく，活動，工程，組織，人などの品質をも対象としている．

この定義では，"特性"に対して"本来備わっている"（inherent）という修飾語がついている．その意味が，注記2で説明されている．しかし，この説明ではわかりにくい．"3.10.2 品質特性"の定義にも，同様の表現が用いられており，その注記も参考にすると理解しやすい（第2部3.10.1, 3.10.2, 141ページ参照）．

"3.10.2 品質特性"の注記2には，"対象に付与された特性（例　対象の価格）は，その対象の品質特性ではない"と記述されている．"付与された特性"と"本来備わった特性"とが相対する言葉である．後から任意に割り当てることのできる特性，例えば，価格，所有者，位置などが割り当てられた特性で，それは品質特性ではない．寸法，色，材質などは，製品にどのような値段をつけようが，どの位置に置こうがそのもの自体がもっている特性である．"品質"の注記2にある"対象の中に存在している"とはこのことを意味している．品質特性とは，その製品の性質を識別することができる個々の性質である．

この定義において，"品質がよい"とは顧客の要求を満たすことであり，"品

質＝顧客満足"と捉えることができる．顧客満足の向上を目指すのなら，この定義のように，本来備わっている特性だけに限定せず，価格や提供のタイミングなども含め，製品及びサービスを通じて顧客に提供した価値と捉えることも可能である．実際，他の規格等ではそのように定義されているものもあり，ISO 8402 もその定義に近かった．この定義のように，本来備わっている特性だけを品質特性にすることは，メリット，デメリットの双方が考えられる．

メリットとしては，まず，客観的な技術的特性で表現でき，マネジメントの対象，あるいは保証すべき対象として明確になる．また，上記のように顧客に提供した価値という定義にすると，それは顧客ごとに異なるのが一般的であるから，個人ごとに異なる対応が必要となるので，扱いにくくなる．デメリットとしては，価格や提供のタイミング等も含めてマネジメントを行えば，より顧客満足の向上につながると考えられるが，そのような活動は範囲外となることである．

この定義のように，本来備わっている特性に焦点を絞るというのは特別な考え方ではなく，その保証が品質保証であるという考え方が歴史的には長く採用されてきた．また，コストパフォーマンス，VE（Value Engineering）でのValue（価値）のように，価格，コストとは明確に区別する，すなわち，もっている特性とその対価は対比するものであって，同列の性質ではないという考え方が用いられることも多い．

3.6.3　等級【タイプ 2】

―――― JIS Q 9000:2015 ――――

3.6.3　等級（grade）

同一の用途をもつ**対象**（3.6.1）の，異なる**要求事項**（3.6.4）に対して与えられる区分又はランク．

　　例　航空券のクラス，ホテルの案内書に示されるホテルの区分
　　注記　品質要求事項（3.6.5）を設定する場合，通常，その等級を規定する．

本質的な意味の変更はない．"等級"は，"品質"という用語の概念を正しく理解するために，類似の概念を表す用語として取り上げられている．JIS Q 9001 では，使われていない．

例を見ると，日本語での"等級"，"グレード"などを総称するような概念であることがわかる．すなわち，用途は同じであるが，コストとの関係で意図的に仕様を変えて，異なる等級とする際の区分，あるいは順位である．

3.6.4 要求事項【変更なし】
3.6.5 品質要求事項【新規】
3.6.6 法令要求事項【新規】
3.6.7 規制要求事項【新規】

JIS Q 9000:2015

3.6.4 要求事項（requirement）

明示されている，通常暗黙のうちに了解されている又は義務として要求されている，ニーズ又は期待．

注記1 "通常暗黙のうちに了解されている"とは，対象となるニーズ又は期待が暗黙のうちに了解されていることが，**組織（3.2.1）**及び**利害関係者（3.2.3）**にとって，慣習又は慣行であることを意味する．

注記2 規定要求事項とは，例えば，**文書化した情報（3.8.6）**の中で明示されている要求事項をいう．

注記3 特定の種類の要求事項であることを示すために，修飾語を用いることがある．

例 **製品（3.7.6）**要求事項，**品質マネジメント（3.3.4）**要求事項，**顧客（3.2.4）**要求事項，**品質要求事項（3.6.5）**

注記4 要求事項は，異なる**利害関係者（3.2.3）**又は組織自体から出されることがある．

注記5 **顧客（3.2.4）**の期待が明示されていない，暗黙のうちに了

解されていない又は義務として要求されていない場合でも，高い**顧客満足**（**3.9.2**）を達成するために顧客の期待を満たすことが必要なことがある．

注記6　この用語及び定義は，ISO/IEC 専門業務用指針—第1部：統合版 ISO 補足指針の**附属書 SL** に示された ISO マネジメントシステム規格の共通用語及び中核となる定義の一つを成す．元の定義にない**注記 3** から**注記 5** を追加した．

3.6.5　品質要求事項（quality requirement）
品質（**3.6.2**）に関する**要求事項**（**3.6.4**）．

3.6.6　法令要求事項（statutory requirement）
立法機関によって規定された，必須の**要求事項**（**3.6.4**）．

3.6.7　規制要求事項（regulatory requirement）
立法機関から委任された当局によって規定された，必須の**要求事項**（**3.6.4**）．

"要求事項"の定義は変わっていない．これは，附属書 SL に定義されており，注記 1，2 までは附属書 SL と同様で，注記 3 から注記 5 が追加されたことが，注記 6 に記述されている．"品質要求事項"，"法令要求事項"，"規制要求事項"は，これまでの規格にも頻出した用語であるが，改めて定義されている．

この規格では，"要求事項"はニーズに加えて期待まで含んでいる．全てのニーズと期待とでは範囲が広すぎるので，幾つかの限定修飾句がついている．

"明示されている"（stated）というのは，言葉に表すか，又は記述することによって，他人がわかるように明示されたものである．これだけでは，"ホテルのバスルームの湯栓から湯が出る"，"買った洋服が破れていない"などの，

通常，明示はされないような常識的な要求事項が外れてしまう．"通常暗黙のうちに了解されている"（generally implied）という表現は，このように，明示はされないが常識的に要求されることをも含めることを意図している．ただし，この例のように極めて常識的なことを指しており，注記1に"組織及び利害関係者にとって，慣習又は慣行である"と述べられている．"義務として"（obligatory）とは，法律，規制などの当然遵守すべき要求事項を指している．"法令要求事項"，"規制要求事項"などが，これに該当する．

JIS Q 9001 の"8.2.3 製品及びサービスに関する要求事項のレビュー，8.2.3.1"に，より具体的に要求事項が記述されている．a)が明示されたもの，b)が通常暗黙のうちに了解されているもの，d)が義務的なものである．

"品質要求事項"は，要求事項のうちで，特に品質に関するものを指す．"法令要求事項"，"規制要求事項"は，JIS Q 9001 の中で法令・規制要求事項（statutory and regulatory requirements）のように，常に対になって使われている．いずれも，組織が必ず遵守しなければならない要求事項である．法令要求事項は，立法機関によって決められたものであるから法律であり，規制要求事項は立法機関から委任された当局，いわゆる規制当局が決めるもので，政令，条例等はこれに該当する．しかし，日本の場合，法律で決まっていることも規制と呼ぶので，法令要求事項と規制要求事項は，明確には区別されていない．いずれも法的に守らなければならないもの，と理解しておけばよい．

3.6.9　不適合【変更なし】
3.6.10　欠陥【タイプ3】
3.6.11　適合【変更なし】

JIS Q 9000:2015

3.6.9　不適合（nonconformity）

要求事項（3.6.4）を満たしていないこと．

　　注記　この用語及び定義は，ISO/IEC 専門業務用指針―第1部：統合版 ISO 補足指針の**附属書 SL** に示された ISO マネジメント

システム規格の共通用語及び中核となる定義の一つを成す．

3.6.10 欠陥（defect）

意図された用途又は規定された用途に関する**不適合**（3.6.9）．

注記1　欠陥と**不適合**（3.6.9）という概念の区別は，特に**製品**（3.7.6）及び**サービス**（3.7.7）の製造物責任問題に関連している場合には，法的意味をもつので重要である．

注記2　**顧客**（3.2.4）によって意図される用途は，**提供者**（3.2.5）から提供される**情報**（3.8.2）の性質によって影響を受けることがある．これらの情報には，例えば，取扱説明書，メンテナンス説明書などがある．

3.6.11 適合（conformity）

要求事項（3.6.4）を満たしていること．

注記1　対応国際規格の注記では，英語及びフランス語の同義語について説明しているが，この規格では不要であり，削除した．

注記2　この用語及び定義は，ISO/IEC 専門業務用指針―第1部：統合版 ISO 補足指針の**附属書 SL** に示された ISO マネジメントシステム規格の共通用語及び中核となる定義の一つを成す．元の定義にない**注記1**を追加した．

JIS Q 9000 ファミリー規格では，"要求事項"が適合，不適合の判定基準となる．先の 3.6.4 で述べたように，この規格で考えている要求事項は3種類ある．すなわち，"明示された"，"通常暗黙のうちに了解されている"及び"義務的な"である．

"明示された，及び義務として要求されているニーズ及び期待"は明確であるが，"通常暗黙のうちに了解されているニーズ及び期待"は曖昧である．"通常暗黙のうちに了解されているニーズ及び期待"は，極めて常識的な慣習又は

3.6 要求事項に関する用語

慣行に限定する必要がある．

1994年版までは，不適合の基準は"明示されたあるいは義務的な要求事項"であったが，2000年版になって適合，不適合の基準が"要求事項"となり，"通常暗黙のうちに了解されている"要求事項が加わった．しかし，これは要求事項を広げることを意図したものではなく，常識的な要求を落とさないためである．生産材の取引のような企業組織間での契約型の製品の場合，顧客が要求事項を明示するが，全ての要求事項を明示できるわけではないし，全ての要求事項を仕様書に盛り込めるわけではない．したがって，常識的な要求事項は明示されなくても満たされる必要がある．

JIS Q 9001 は，元々はこのような契約型の場合に用いる規格であったが，現在では，パーソナルコンピュータやテレビのような一般消費者が購入者であるような市場型の製品や，輸送，通信などのようなサービスにも適用される．この場合，必ずしも顧客が要求事項を明示することはないので，組織自らが，顧客が要求するものをよく考えて決めなければならない．このとき，"通常暗黙のうちに了解されているニーズと期待"を考慮することは重要である．その際に，極めて常識的な要求事項が漏れてしまうことを防ぐことを意図している．

なお，"不適合"，"適合"は製品要求事項にだけ適用されるのではなく，品質マネジメントシステムの要求事項への適合性に対しても使われる用語である．

ISO 9001 の 1994 年版の用語を規定していた ISO 8402 では，不適合は"規定要求事項を満たしていないこと"，"欠陥"は"安全性に関連する要求事項を含む，意図した使用における要求事項又は合理的な期待を満たしていないこと"と定義されていた．不適合は，あくまでも規定された要求事項からの逸脱を問題にしているのに対し，欠陥は，仕様が定められていようがいまいが，それが使用に耐えないものならば，それには欠陥があるという意味であった．しかし，2000年の改訂で，不適合が"要求事項からの逸脱"となったために，欠陥との区別が曖昧になった．

製造物責任に関する EC 指令や日本の製造物責任法では，消費者の期待に反して安全性を欠いていることが欠陥と考えられている．2000 年の改訂時に，この消費者の期待と，"要求事項"の定義における"通常暗黙のうちに了解されているニーズ及び期待"とはどう違うのかが議論になったが，結論が得られないまま規格の発行を迎えた経緯がある．"欠陥"の注記 1 がもつ意味も不明確なままであった．したがって，注記 1 は，"欠陥"は法的に特殊な意味をもつ場合があるので使い方には注意すべき，ぐらいの意味に解釈しておくのがよい．また，JIS Q 9000 ファミリーを活用する際にはこの用語は使わないほうがよい．実際，JIS Q 9001 では，この用語は用いられていない．

3.6.12　実現能力【タイプ 1，タイプ 2】

――― JIS Q 9000:2015 ―――

3.6.12　実現能力（capability）

要求事項（3.6.4）を満たす**アウトプット**（3.7.5）を実現する，**対象**（3.6.1）の能力．

注記　統計の分野における工程能力の用語は，JIS Z 8101-2 に定義されている．

旧版の定義における，"製品"が"アウトプット"に，"組織，システム，プロセス"が"対象"に変わっているが，本質的な意味の変更はない．

英語では，まだ発揮してはいないがそれを使えば何かを行うことができる潜在的な能力を"capability"といい，それが実際に発揮されてできることが実証されている場合の能力を"ability"という．日本語ではいずれも"能力"といい，区別はしていない．

3.10.4 の"力量（competence）"は，主に人の能力を表している．一方，製品及びサービスの品質を達成するためには，人以外のものの能力，例えば設備，工程，仕組みなどもよい製品を生み出すだけの実力をもっていることが必要であり，それらの能力を表すために"capability"という用語が用いられて

3.6 要求事項に関する用語　　　　　　　　　　　123

いる．

"capability"は通常"能力"と訳すが，定義自体が"対象の能力"となっているので，あえて実現能力と訳している．定義の最後の能力の原語は，"ability"である．

3.6.13　トレーサビリティ【タイプ2】

――― JIS Q 9000:2015

3.6.13　トレーサビリティ（traceability）

対象（3.6.1）の履歴，適用又は所在を追跡できること．

　注記1　**製品**（3.7.6）又は**サービス**（3.7.7）に関しては，トレーサビリティは，次のようなものに関連することがある．
　　　　　― 材料及び部品の源
　　　　　― 処理の履歴
　　　　　― 製品又はサービスの提供後の分布及び所在

　注記2　計量計測の分野においては，**ISO/IEC Guide 99**に記載する定義が受け入れられている．

本質的な意味の変更はない．"トレーサビリティ"とは，追跡できることである．追跡できる対象としては，"もの"だけではなく，例えば，規格値，公差などを決めた場合に，どの要求事項から由来しているのかを追跡できるようにしておく必要がある．つまり，顧客要求，製品及びサービス仕様，工程仕様，製品及びサービスの結果（＝顧客満足）というつながりを追っていくことが，特性データのトレーサビリティである．

しかし，JIS Q 9000では，注記によって，トレーサビリティには，製品及びサービスに関するものと測定機器の校正に関するものがあることを示すことになった．すなわち，トレーサビリティとして，①製品及びサービス，②測定，③データの三つを考えることができるが，JIS Q 9001で対象としているのは，①製品及びサービス，②測定についての2種類のトレーサビリティで

3.6.14 ディペンダビリティ【変更】

――― JIS Q 9000:2015 ―――
3.6.14 ディペンダビリティ（dependability）
求められたとおりに，かつ，求められたときに，機能する能力．
（**IEC 60050-192 を変更．注記**を削除した．）

IEC（International Electrotechnical Commission：国際電気標準会議）のTC 1（用語）で定められた定義である．ディペンダビリティとは，アベイラビリティ（availability），信頼性（reliability），回復性（recoverability），保全性（maintainability），保全支援（maintenance support）などを含む，広義の"信頼性"を表す用語である．使いたいときにどれぐらい使えるか，ということであり，総合的な信頼性のことである．

3.6.15 革新【新規】

――― JIS Q 9000:2015 ―――
3.6.15 革新（innovation）
価値を実現する又は再配分する，新しい又は変更された**対象**（3.6.1）．
　注記1　革新を結果として生む活動は，一般に，マネジメントされている．
　注記2　革新は，一般に，その影響が大きい．

革新は，広辞苑では"旧来の組織・制度・慣習・方法などをかえて新しくすること"とある．一般に，変えて新しくすること，又はその結果のことをいう．改善の一形態と見ることもできる．英語では，改善のほうがより広い概念で，革新は改善の一形態と考えるのが一般的である．

日本語の語感としては，通常の改善よりも変化量の大きいもの，改善での変

化は連続的であるのに比べて，不連続に抜本的に変わることを指す場合が多い．注記2に同様のことが記述されている．

革新という考え方をISO 9001に取り込むかどうかについては，規格原案作成を担当したTC 176/SC 2/WG 24の中でも，何回か議論されている．革新という概念は，ISO 9001にはあまりなじまないと考えられるが，改善と革新とでそれほど差がないと考えている人もいるようで，議論はなかなか収束しなかった．結局，JIS Q 9001では，"10 改善"の"10.1 一般"の注記において，"改善には，例えば，修正，是正処置，継続的改善，現状を打破する変更，革新及び組織再編が含まれ得る"と表現されているだけで，要求事項とはなっていない．

3.7　結果に関する用語

3.7.3　成功【新規】
3.7.4　持続的成功【新規】

―――― JIS Q 9000:2015 ――――

3.7.3　成功（success）
＜組織＞**目標（3.7.1）**の達成．
　　注記　**組織（3.2.1）**の成功については，組織の経済的又は財務的利益と，例えば，**顧客（3.2.4）**，利用者，投資家・株主（所有者），組織内の人々，**提供者（3.2.5）**，パートナ，利益団体，地域社会などの**利害関係者（3.2.3）**のニーズとのバランスをとることの必要性が重視される．

3.7.4　持続的成功（sustained success）
＜組織＞長期にわたる**成功（3.7.3）**．
　　注記1　持続的成功については，**組織（3.2.1）**の経済的・財務的利益と，社会的及び生態学的環境の利益とのバランスをとるこ

> 注記2　持続的成功は，例えば，**顧客**（3.2.4），所有者，組織内の人々，**提供者**（3.2.5），銀行家，組合，パートナ，社会など，**組織**（3.2.1）の**利害関係者**（3.2.3）に関係する．

　JIS Q 9000 ファミリーでは，組織が持続的成功を達成することを，品質マネジメントを行うことの目的と考えていることが，JIS Q 9000 の基本概念や JIS Q 9001 の 0.1 の記述から読み取ることができる．組織の目的を達成することが成功であり，それを長期に成し遂げることが持続的成功である．これは，辞書的意味と同じである．持続的成功のためには，経営環境の変化に適切に，タイムリーに対応することが必要である．

　当然のことながら，組織の目的をどう定めるかによって"よい"成功といえるのかどうかが変わってくる．よい目的の定め方の一般論などはないが，成功，持続的成功の注記にあるように，利益を上げることだけを目的とするのではなく，いわゆる利害関係者の，その組織に対するニーズや期待とのバランスを考慮して定めることが重要である．

3.7.8　パフォーマンス【新規】

> ────────── JIS Q 9000:2015 ──────────
> **3.7.8　パフォーマンス（performance）**
> 　測定可能な結果．
> 　　注記1　パフォーマンスは，定量的又は定性的な所見のいずれにも関連し得る．
> 　　注記2　パフォーマンスは，**活動**（3.3.11），**プロセス**（3.4.1），**製品**（3.7.6），**サービス**（3.7.7），**システム**（3.5.1）又は**組織**（3.2.1）の**運営管理**（3.3.3）に関連し得る．
> 　　注記3　この用語及び定義は，ISO/IEC 専門業務用指針—第1部：統合版 ISO 補足指針の**附属書 SL** に示された ISO マネジメ

3.7 結果に関する用語

> ントシステム規格の共通用語及び中核となる定義の一つを成す．元の定義の**注記 2** を変更した．

　今回の改訂では，"Output Matters" を解決するために，システムやプロセスを評価するだけでなく，そこから生み出される結果の評価を行うことの重要性が強調されている．

　"Output Matters" とは，次のような問題である．JIS Q 9001:2008 の "1 適用範囲" の "1.1 一般" の a), b)項で，"顧客要求事項及び適用される法令・規制要求事項を満たした製品を一貫して提供する能力" を実証する，並びに "顧客満足の向上を目指す" 組織に対する要求事項を規定しているが，第三者認証機関から認められた組織で，この期待を満たしていない場合が散見される．つまり，"品質マネジメントシステムが認証されても，そのアウトプットである製品の品質が保証されるとは限らない" という問題である．

　これは，品質マネジメントシステム規格そのもの，そして認証制度の本質に関わる重要な問題である．この問題自体は 2006 年頃から ISO/TC 176 の中で議論されていたが，2008 年の改訂版では，これを実質的に解消するような規定は入れられなかった．今回の改訂では，この問題の解消を目指して，プロセスだけでなく，その結果の評価に基づいて PDCA サイクルを回すことが強調されている．その結果を表す用語が，"パフォーマンス" である．

　"パフォーマンス" は，附属書 SL で定義されている用語であり，共通テキストの箇条 9 にパフォーマンス評価が規定されている．したがって，JIS Q 9000 ファミリーだけでなく，マネジメントシステム規格において，パフォーマンスの改善が要求されているということである．

　"測定可能な" とあるが，不良率のような数値で表されるものだけではないことに注意が必要である．注記 1 にあるように，顧客の声や不具合の事実を示したもの，つまり文章で表されるような結果も測定可能な結果である．

　PDCA サイクルを回す際に，Check の段階で用いられるパフォーマンスは，管理指標又は管理項目と呼ばれる．これを管理水準と照らし合わせて評価する

ことで，処置を行うかどうかを決定する．パフォーマンスに基づいて PDCA サイクルを回すという考え方は，2000 年版から採用されているものであるが，より一層その重要性が強調されるようになったと理解すればよい．

3.7.9　リスク【新規】

―― JIS Q 9000:2015 ――

3.7.9　リスク（risk）

不確かさの影響．

注記 1　影響とは，期待されていることから，好ましい方向又は好ましくない方向にかい(乖)離することをいう．

注記 2　不確かさとは，事象，その結果又はその起こりやすさに関する，**情報**（**3.8.2**），理解又は知識に，たとえ部分的にでも不備がある状態をいう．

注記 3　リスクは，起こり得る事象（**JIS Q 0073**:2010 の 3.5.1.3 の定義を参照．）及び結果（**JIS Q 0073**:2010 の 3.6.1.3 の定義を参照．），又はこれらの組合せについて述べることによって，その特徴を示すことが多い．

注記 4　リスクは，ある事象（その周辺状況の変化を含む．）の結果とその発生の起こりやすさ（**JIS Q 0073**:2010 の 3.6.1.1 の定義を参照．）との組合せとして表現されることが多い．

注記 5　"リスク"という言葉は，好ましくない結果にしかならない可能性の場合に使われることがある．

注記 6　この用語及び定義は，ISO/IEC 専門業務用指針―第 1 部：統合版 ISO 補足指針の**附属書 SL** に示された ISO マネジメントシステム規格の共通用語及び中核となる定義の一つを成す．元の定義にない**注記 5** を追加した．

附属書 SL の採用に伴って，"リスクに基づく考え方"という概念が新たに

導入された．"リスク"と"機会"を明らかにして，これに対する取組みを品質マネジメントシステムの中に取り入れるというものである．

"リスク"は，附属書SLで定義されている用語である．日常的にリスクといえば，"危険"とか"危機"と訳すのが通常で，悪いことを意味するのが一般的である．注記5は，このような日常的な使われ方を意識して挿入されている．しかし，この定義はそうではない．注記1でわかるように，好ましくない方向のこともあれば，好ましい方向の場合もあり得る．期待されていることから乖離されている状況を指しており，よいにしろ悪いにしろ，それが自社にどのような影響を与えるかを考えることが重要となる．市場で予想もしなかった不具合が発生したらどうなるか，品切れとなるぐらい思いがけず商品が売れてしまったらどうなるか，その影響がリスクである．

このように"リスク"を捉える考え方は，リスクマネジメントの原則と指針を示したJIS Q 31000での定義が発端である．この規格では，"目的に対する不確かさの影響"と定義されている．この考え方が世の中に定着したとはいえないが，今回の改訂でJIS Q 9001においては，これまでのリスクという用語の使い方は大きく変わったことを理解すべきである．附属書SLに採用されていることから，今後，マネジメントシステム規格では，この使い方が標準となる．

JIS Q 9001では，"リスク及び機会"のように，リスクとともに機会という用語が対になって用いられることが多く，双方への取組みを要求している．機会とは，"○○をするのによい時期"という意味である．組織の目標達成のために，○○を実施するよい時期ではないか，ということを検討し，必要な取組みを行っていくことが大切になる．リスク及び機会は，"組織の状況の理解"の中で把握すべきものの一つである．

3.7.10　効率【変更なし】

3.7.11　有効性【変更なし】

JIS Q 9000:2015

3.7.10　効率（efficiency）
　達成された結果と使用された資源との関係．

3.7.11　有効性（effectiveness）
　計画した活動を実行し，計画した結果を達成した程度．
　　注記　この用語及び定義は，ISO/IEC 専門業務用指針—第 1 部：統合版 ISO 補足指針の**附属書 SL** に示された ISO マネジメントシステム規格の共通用語及び中核となる定義の一つを成す．

　日常的には，あるシステム，方法論が"有効である"といった場合，効率も含めてよい結果が生じたことを指すことがある．しかし，JIS Q 9000 ファミリー規格では，結果が達成されたかどうかということと，その過程がどうであったかということを明確に区別している．すなわち，計画の実施度合いも考慮した結果の達成度合いが"有効性"であり，同じ結果が達成された際に，そのために投入された資源（人，もの，金など）がより少ない場合を，"効率がよい"と表現する．

　また，通常"有効である"といった場合には，目標レベルの適切さも含めて考えることが多い．つまり，"低い目標を達成しても有効ではなく，高い目標を達成した場合に有効である"といったことを意味することもある．しかし，JIS Q 9000 での定義は，このような観点から有効性を見ることは含まれておらず，あくまでも計画との差異を問題にする．すなわち，計画された活動が実行され，計画された結果が達成されれば，たとえそのレベルは低くても有効となる．

　英語の"effective"の意味は，"期待した，又は意図した結果を生み出すこと"であるので，本来日本語の有効性に当たる意味はもっていない．したがっ

て，"結果達成性"のような訳語をあてはめて，日本語の有効性と異なる意味であることを強調したほうがよいのかもしれない．しかし，"結果達成性"は不自然な日本語であるので，訳語としては通常よく用いられる有効性を採用した．JIS Q 9000では一般的に使われている有効性よりもかなり限定的な意味で用いられており，JIS Q 9000ファミリー規格に固有の用語と理解しておいたほうがよい．

3.8 データ，情報及び文書に関する用語

3.8.1 データ【新規】
3.8.2 情報【変更なし】

JIS Q 9000:2015

3.8.1 データ（data）
　対象（3.6.1）に関する事実．

3.8.2 情報（information）
　意味のある**データ**（3.8.1）．

　情報は旧版でも定義されており，定義は変わっていない．一般用語としての"情報"の意味であり，数値に限らず，言語データ，事実，製品・プロセスに関する要求，状態，性質など，いろいろなものが含まれる．

　前回の改訂の際に，"文書"の定義において"情報"が使われているので定義する必要があるとの意見があって定義されたのであるが，結局この定義では"データ"とは何かが問題となる．そこで，今回の改訂で"データ"が新しく定義された．これも通常辞書で使われている意味と同じであり，数値だけでなく，上述の事実を表す種々のものが含まれる．データはあくまでも事実そのものであるが，情報は人間にとって意味のあるものとなったものである．

3.8.3　客観的証拠【変更なし】

JIS Q 9000:2015

3.8.3　客観的証拠（objective evidence）

あるものの存在又は真実を裏付ける**データ**（3.8.1）．

　注記1　客観的証拠は，観察，**測定**（3.11.4），**試験**（3.11.8），又はその他の手段によって得ることができる．

　注記2　**監査**（3.13.1）のための客観的証拠は，一般に，**監査基準**（3.13.7）に関連し，かつ，検証できる，**記録**（3.8.10），事実の記述又はその他の**情報**（3.8.2）からなる．

　監査や審査においては，不適合は客観的証拠に基づき指摘する必要があり，そのためにこの用語が定義されている．また，JIS Q 9000ファミリー規格における品質保証は，顧客に対して信頼感を実証によって与えることである．実証とは証拠をもって示すことであり，ここでも客観的証拠とは何かが問題となる．

　定義自体は，日常的に使っている"客観的証拠"と同じであり，特別に配慮する点はない．データは，当然のことながら数値データだけを指すのではなく，言語データ，事実，写真，測定結果，合否判定結果など，いろいろなものが含まれる．

3.8.5　文書【タイプ4】
3.8.6　文書化した情報【新規】
3.8.10　記録【変更なし】

JIS Q 9000:2015

3.8.5　文書（document）

情報（3.8.2）及びそれが含まれている媒体．

　例　**記録**（3.8.11），**仕様書**（3.8.7），**手順**（3.4.5）を記した文書，図面，報告書，規格

3.8 データ,情報及び文書に関する用語

注記1 媒体としては,紙,磁気,電子式若しくは光学式コンピュータディスク,写真若しくはマスターサンプル,又はこれらの組合せがあり得る.

注記2 文書の一式,例えば,**仕様書**(**3.8.7**)及び**記録**(**3.8.11**)は"文書類"と呼ばれることが多い.

注記3 ある**要求事項**(**3.6.4**)(例えば,読むことができるという要求事項)は全ての種類の文書に関係するが,**仕様書**(**3.8.7**)(例えば,改訂管理を行うという要求事項)及び**記録**(**3.8.10**)(例えば,検索できるという要求事項)に対しては別の要求事項があることがある.

3.8.6 文書化した情報(documented information)

組織(**3.2.1**)が管理し,維持するよう要求されている**情報**(**3.8.2**),及びそれが含まれている媒体.

注記1 文書化した情報は,あらゆる形式及び媒体の形をとることができ,あらゆる情報源から得ることができる.

注記2 文書化した情報には,次に示すものがあり得る.
— 関連する**プロセス**(**3.4.1**)を含む**マネジメントシステム**(**3.5.3**)
— **組織**(**3.2.1**)の運用のために作成された**情報**(**3.8.2**)(文書類)
— 達成された結果の証拠[**記録**(**3.8.10**)]

注記3 この用語及び定義は,ISO/IEC専門業務用指針—第1部:統合版ISO補足指針の**附属書SL**に示されたISOマネジメントシステム規格の共通用語及び中核となる定義の一つを成す.

3.8.10 記録（record）

達成した結果を記述した，又は実施した活動の証拠を提供する**文書**（3.8.5）．

注記1　記録は，例えば，次のために使用されることがある．
- トレーサビリティ（3.6.13）を正式なものにする．
- **検証**（3.8.12），**予防処置**（3.12.1）及び**是正処置**（3.12.2）の証拠を提供する．

注記2　通常，記録の改訂管理を行う必要はない．

"文書化した情報"は，附属書 SL を採用したことで，新たに導入された概念である．JIS Q 9001 の附属書の箇条 A.4 に，"文書化した情報"について解説されている．JIS Q 9001 では，文書として作成を要求するもの，あるいは維持したり，保持したりする文書は，全て"文書化した情報"と呼ぶことになった．注記2からわかるように，文書化した情報には，旧版で文書，記録と呼んでいたもの，品質マニュアル，品質計画書，文書化した手順などがある．

JIS Q 9001 において，記録ではない文書に関しては，改訂管理を行うので"文書化した情報を維持（maintain）する"という表現が用いられ，記録に関しては"文書化した情報を保持（retain）する"という表現が用いられている．したがって，用語の定義としては，文書と記録は残っているが，JIS Q 9001 においては使われていない．また，JIS Q 9001:2008 では"4.2.3 文書管理"，"4.2.4 記録の管理"のように，記録には個別の要求事項があることが明確になっていたが，改訂版では"7.5.3 文書化した情報の管理"にまとめられている．

このように，文書に関する用語の使い方は大きく変更されたが，文書に関わる管理方法等の要求事項は，基本的には変化していない．紙に書かれたもの以外でも文書となるもの（文書の注記1参照）は多数あり，電子媒体に保存されたものも当然含まれるし，ある種の情報をもっていれば文書の扱いになる．マスターサンプルのような，もの自体も文書となり得る．

3.8.7 仕様書【変更なし】

> ─── JIS Q 9000:2015
> **3.8.7 仕様書（specification）**
> 要求事項（3.6.4）を記述した**文書**（3.8.5）．
> 　　例　品質マニュアル（3.8.8），品質計画書（3.8.9），技術図面，**手順**（3.4.5）を記した**文書**（3.8.5），作業指示書
> 　注記1　仕様書には，活動に関するもの［例　**手順**（3.4.5）を記した**文書**（3.8.5），プロセス（3.4.1）仕様書及び**試験**（3.11.8）仕様書］，又は**製品**（3.7.6）に関するもの［例　製品の仕様書，パフォーマンス（3.7.8）仕様書，図面］があり得る．
> 　注記2　要求事項（3.6.4）を記載することによって，仕様書に，**設計・開発**（3.4.8）によって達成された結果が追加的に記述されることがある．この場合，仕様書が**記録**（3.8.10）として用いられることがある．

"仕様書"の定義は変わっていない．仕様書は，"3.8.5 文書"で定義されている文書の形で表現されているものに限られる．注記にあるように，手順書も仕様書に含まれるので，一般的な仕様書よりはやや広い概念である．ただし，"仕様書"という用語は，JIS Q 9001 では用いられていない．

一般に，顧客の要求を製品に実現できるように，例えば工学的特性に変換することを，仕様化いう．この変換された要求事項が記載されたものが，仕様書である．

3.8.8　品質マニュアル【タイプ4】

> ─── JIS Q 9000:2015
> **3.8.8　品質マニュアル（quality manual）**
> **組織**（3.2.1）の**品質マネジメントシステム**（3.5.4）についての**仕様書**（3.8.7）．

> 注記　個々の**組織**（3.2.1）の規模及び複雑さに応じて，品質マニュアルの詳細及び書式は変わり得る．

"品質マニュアル"は，最後の部分が文書から仕様書に変更されたが，実質的な意味の変更はない．"品質マニュアル"は，組織の品質マネジメントシステムの全体像を記述した文書である．組織の内外に提供できるような文書として，品質マネジメントシステムを構成する業務の概要，その相互関係，それを担当する組織の役割などをまとめるのが一般的である．

今回の改訂で，JIS Q 9001 においては，品質マニュアルの作成，維持に関する要求事項はなくなっている．これは，組織の規模によって，文書化の程度に自由度をもたせるためである．

ただし，実質的には品質マニュアルと同等のものが必要である．品質マネジメントシステムの適用範囲を明確にするためには不可欠である．また，品質マニュアルは組織外の人にどのような品質保証を行っているかを示せる文書であり，説明責任，透明性確保のための一つの有力な手段になり得る．

3.8.9　品質計画書【タイプ2】

JIS Q 9000:2015

3.8.9　品質計画書（quality plan）

個別の**対象**（3.6.1）に対して，どの**手順**（3.4.5）及びどの関連する資源を，いつ誰によって適用するかについての**仕様書**（3.8.7）．

　注記1　通常，これらの**手順**（3.4.5）には，**品質マネジメント**（3.3.4）の**プロセス**（3.4.1）並びに**製品**（3.7.6）及び**サービス**（3.7.7）実現のプロセスに関連するものが含まれる．

　注記2　品質計画書は，**品質マニュアル**（3.8.8）又は手順を記した**文書**（3.8.5）を引用することが多い．

　注記3　品質計画書は，通常，**品質計画**（3.3.5）の結果の一つである．

3.8 データ,情報及び文書に関する用語

"品質計画書"は,個別のプロジェクト,製品,プロセスについて,品質マネジメントシステムをどのように具体的に適用するかの計画を述べた文書である.品質計画書の例としては,QC工程表,プロジェクト計画書などがある.

注記2にあるように,品質計画書の作成に当たって,品質マニュアルや手順書にある一般的記述がそのまま適用できるなら,それを参照又は引用すればよい.また必要ならば,それらを個々の場合に適用するために,特定の仕様,条件などを指定すればよい.もちろん,"引用することが多い"とあるように,時には固有の計画を立案しなければならないこともある.

注記3は,"品質計画は品質計画書を作ることだけである"という誤解を避けるための注意事項である.品質計画という活動の一つの結果が品質計画書であるが,それ以外の様々な計画活動の結果があり得る.例えば,特定の仕様書類(製品仕様書,手順書,プロセス仕様書及び試験仕様書など)の組合せを指定することも品質計画である.

3.8.12 検証【変更なし】
3.8.13 妥当性確認【変更なし】

---- JIS Q 9000:2015 ----

3.8.12 検証(verification)

客観的証拠(3.8.3)を提示することによって,規定**要求事項**(3.6.4)が満たされていることを確認すること.

注記1 検証のために必要な**客観的証拠**(3.8.3)は,**検査**(3.11.7)の結果,又は別法による計算の実施若しくは**文書**(3.8.5)のレビューのような他の形の**確定**(3.11.1)の結果である.

注記2 検証のために行われる活動は,適格性**プロセス**(3.4.1)と呼ばれることがある.

注記3 "検証済み"という言葉は,検証が済んでいる状態を示すために用いられる.

3.8.13 妥当性確認（validation）

客観的証拠（3.8.3）を提示することによって，特定の意図された用途又は適用に関する**要求事項**（3.6.4）が満たされていることを確認すること．

注記1　妥当性確認のために必要な**客観的証拠**（3.8.3）は，**試験**（3.11.8）の結果，又は別法による計算の実施若しくは**文書**（3.8.5）のレビューのような他の形の**確定**（3.11.1）の結果である．

注記2　"妥当性確認済み"という言葉は，妥当性確認が済んでいる状態を示すために用いられる．

注記3　妥当性確認のための使用条件は，実環境の場合も，模擬の場合もある．

これらの用語は，"有効性"，"効率"などの用語と同様に，JIS Q 9000 ファミリー規格において独特の意味をもつ用語である．

どちらも品質確認に関する用語である．"検証"は"定められた要求事項が満たされていることの確認"，"妥当性確認"は"意図された使用目的のための要求事項が満たされていることの確認"である．つまり，製品実現のために元々の顧客の要求を変換，あるいは翻訳して要求事項を規定するが，製品及びサービスなどが，その規定された要求事項を満たしているかどうかを確認するのが"検証"であり，元々の顧客の要求を満たしているかどうかを確認するのが"妥当性確認"である．これらの用語は，製品及びサービスだけでなくプロセスに対しても用いられる．

3.9 顧客に関する用語

3.9.1 フィードバック【新規】
3.9.2 顧客満足【タイプ4】
3.9.3 苦情【新規】

―― JIS Q 9000:2015 ――

3.9.1 フィードバック（feedback）

＜顧客満足＞**製品**（3.7.6），**サービス**（3.7.7）又は苦情対応プロセス（3.4.1）への意見，コメント，及び関心の表現．

（JIS Q 10002:2015 の 3.6 を変更．用語"サービス"を定義に追加した．）

3.9.2 顧客満足（customer satisfaction）

顧客（3.2.4）の期待が満たされている程度に関する顧客の受け止め方．

- 注記1 **製品**（3.7.6）又は**サービス**（3.7.7）が引き渡されるまで，**顧客**（3.2.4）の期待が，**組織**（3.2.1）に知られていない又は顧客本人も認識していないことがある．顧客の期待が明示されていない，暗黙のうちに了解されていない又は義務として要求されていない場合でも，これを満たすという高い顧客満足を達成することが必要なことがある．
- 注記2 **苦情**（3.9.3）は，顧客満足が低いことの一般的な指標であるが，苦情がないことが必ずしも顧客満足が高いことを意味するわけではない．
- 注記3 **顧客**（3.2.4）**要求事項**（3.6.4）が顧客と合意され，満たされている場合でも，それが必ずしも顧客満足が高いことを保証するものではない．

（ISO 10004:2012 の 3.3 の注記を変更．）

3.9.3 苦情（complaint）

＜顧客満足＞**製品（3.7.6）**若しくは**サービス（3.7.7）**又は苦情対応プロセス（**3.4.1**）に関しての，**組織（3.2.1）**に対する不満足の表現であって，その対応又は解決を，明示的又は暗示的に期待しているもの．

（**JIS Q 10002**:2015 の 3.2 を変更．用語"サービス"を定義に追加した．）

顧客満足に関する要求事項は，JIS Q 9001 の 2000 年版から導入された．その後，顧客満足を監視，測定する際の指針である ISO 10004 が 2012 年に発行された．"顧客満足"は，その指針における定義が今回採用された．旧版では，"顧客の要求事項"であったのが，"顧客の期待"に変更されている．しかし，旧版の要求事項の定義には期待まで含まれているので，本質的に意味は変わっていない．

日本で顧客満足といえば，相当高いレベルで満足した状態を示すことが多いが，JIS Q 9000 ファミリー規格における"顧客満足"は，一般的に用いられる"顧客満足"と，その意図が全く異なる．英語の"satisfactory"（満足な）は誉め言葉ではなく，優・良・可・不可の"可"程度に相当する．顧客要求をかろうじて達成した状態でも，顧客が満足したと判断したことになる．もちろん，それよりも高いレベルの顧客満足であってもかまわないが，要求を達成することが顧客満足である．この定義で重要なのは，非常に満足している状態を意味しているのではなく，どの程度満たしているかに関する顧客側の受け止め方を意味している点である．

このような意味をもつので，2000 年版の JIS 化検討のときに，訳語としてはぎりぎりの達成度合いを表すために"顧客要求達成"をあてることも検討した．しかし，"CS ＝顧客満足"という言い方が定着しているので，訳語は"顧客満足"とした．

顧客の受け止め方を何で測るかは，一概に決められるものではない．苦情はその一つの指標であろうし，いわゆる顧客満足度調査の結果も有用であろう．

何で測るかは，組織が検討して適切なものを測定する必要がある．

顧客満足に関しては，ISO 10004 のほかに，顧客満足に関する組織における行動規範のための指針である JIS Q 10001，苦情対応の指針である JIS Q 10002，組織外部における紛争解決のための指針である JIS Q 10003 が作成されている．顧客満足に関する用語には，これらの指針で定義されている用語が取り入れられた．

"フィードバック"とは，製品及びサービス，苦情対応に対する顧客の意見である．よい意見もあれば，悪い意見もある．"苦情"は，その中で悪いほうの意見で，具体的な請求を伴うものは，当然この中に含まれる．定義では，対応又は解決が暗示的に期待されているものも含まれるので，製品及びサービスに関して悪い意見を言ってきた場合は，暗示的に対応を望んでいると考えるべきである．苦情の中で，修理，値引き，交換，損害賠償などの具体的な請求を伴い，供給者側がそれを認めた場合，それをクレームと呼んでいる．

顧客満足の注記 2 にあるように，苦情が多い場合は顧客満足が低いと考えられるが，苦情がないので顧客満足が高いと考えるのは危険である．価格が安い製品の場合は特にそうであるが，苦情も言わずにその会社の製品を買わなくなる，つまり顧客が逃げていく場合，苦情は増えない．顧客満足は，顧客からの意見だけでなく，売上げやシェアなど，他の側面からも見ていく必要がある．

3.10 特性に関する用語

3.10.1 特性【変更なし】
3.10.2 品質特性【タイプ 2】

―― JIS Q 9000:2015 ――

3.10.1 特性（characteristic）

特徴付けている性質．

注記 1　特性は，本来備わったもの又は付与されたもののいずれでも

あり得る．
注記2　特性は，定性的又は定量的のいずれでもあり得る．
注記3　特性には，次に示すように様々な種類がある．

 a)　**物質的**（例　機械的，電気的，化学的，生物学的）

 b)　**感覚的**（例　嗅覚，触覚，味覚，視覚，聴覚などに関するもの）

 c)　**行動的**（例　礼儀正しさ，正直さ，誠実さ）

 d)　**時間的**（例　時間厳守の度合い，信頼性，アベイラビリティ，継続性）

 e)　**人間工学的**（例　生理学上の特性，人の安全に関するもの）

 f)　**機能的**（例　飛行機の最高速度）

3.10.2　品質特性（quality characteristic）

要求事項（3.6.4）に関連する，**対象**（3.6.1）に本来備わっている**特性**（3.10.1）．

注記1　"本来備わっている"とは，あるものに内在していること，特に，永久不変の**特性**（3.10.1）として内在していることを意味する．

注記2　**対象**（3.6.1）に付与された**特性**（3.10.1）（例　対象の価格）は，その対象の品質特性ではない．

"3.6.2 品質"の項で述べたように，"本来備わっている"の意味を理解しておく必要がある．"品質特性"の注記1は，"3.6.2 品質"の注記2と表現は多少異なるものの，同じことを説明している．"3.10.2 品質特性"の注記2には，"対象に付与された特性（例　対象の価格）は，その対象の品質特性ではない"と記述されている．"付与された特性"と"本来備わった特性"とが相対する言葉である．後から任意に割り当てることのできる特性，例えば，価

格,所有者,位置などが割り当てられた特性で,それは品質特性ではない.寸法,色,材質などは,製品にどのような値段をつけようが,どの位置に置こうがそのもの自体がもっている特性である."品質特性"の注記1にある"内在していること,特に,永久不変の特性"とは,このことを意味している."品質特性"とは,その製品の性質を識別することができる個々の性質である.

　"本来備わっている"という表現は,価格などの任意に割り当てられた性質は,品質特性ではないということを明確にすることを意図している.

3.10.3　人的要因【新規】

---── JIS Q 9000:2015 ──

3.10.3　人的要因(human factor)

考慮の**対象**(**3.6.1**)に影響を与える,人の**特性**(**3.10.1**).

注記1　**特性**(**3.10.1**)には,物理的,認知的又は社会的なものがあり得る.

注記2　人的要因は,**マネジメントシステム**(**3.5.3**)に重要な影響を与え得る.

　人は,人間であるがゆえに忘れる,見間違える,勘違いすることで,エラーを起こすことがままある.このような人間であるがゆえの特性が,"人的要因"である.ただし,この定義では,注記1にあるように,物理的,認知的又は社会的なものまで考慮しているので,人の性格・性質だけでなく,二足歩行である,言語を話す,組織を形成するなどの,他の生物とは異なる特性をも含むと考えられる.

　人は,他の経営資源とともに,マネジメントシステムの重要な要素である.その中で人が業務・活動を行うことで,マネジメントシステムが運用されることになるので,それを効果的,効率的に運用するためには,人的要因に配慮してシステムを設計することが重要となる.

　JIS Q 9001の中では,明示的に人的要因を考慮せよという要求事項はない

が，"7.1.4 プロセスの運用に関する環境"においては，人的要因への配慮が重要となる．また，8.5.1 では，"ヒューマンエラーを防止するための処置"が求められており，人的要因を考慮した処置が必要である．

3.10.4 力量【変更】

--- JIS Q 9000:2015 ---

3.10.4 力量（competence）
意図した結果を達成するために，知識及び技能を適用する能力．
　注記1　実証された力量は，適格性ともいう．
　注記2　この用語及び定義は，ISO/IEC 専門業務用指針―第1部：統合版 ISO 補足指針の**附属書 SL** に示された ISO マネジメントシステム規格の共通用語及び中核となる定義の一つを成す．元の定義にない**注記1**を追加した．

JIS Q 9000:2005 では，一般用語としての"力量"と，監査用語としての"力量"が定義されていたが，附属書 SL を採用したことで，その定義が採用され，一本化されている．監査のための指針である JIS Q 19011 でも，この定義が採用されている．なお，定義の最後の"能力"の原語は，"ability"である．

この定義は，旧版での一般用語としての定義に近いものである．旧版では"実証された能力"となっていたが，改訂版では実証されているかいないかは無関係になっている．実証された力量を"適格性"ということが，注記1からわかる．ただし，英語の"ability"には，実際に発揮されていることが実証されている場合の能力のことをいうので（"3.6.12 実現能力"の項参照），実際には何らかの形で実証されているものと考えたほうがよい．

なお，"力量"という用語は，個人の能力だけでなく組織に対しても用いられるが，JIS Q 9001 においては，個人に対する要求事項のみに力量という用語が用いられている．JIS Q 9001 では，品質を達成するためには，要員が必要な知識や技能をもち，それを実際に発揮することが重要であるので，製品を

作り出すための人の能力について,"力量"という用語を用いて幾つかの要求事項が規定されている.

3.11 確定に関する用語

3.11.1　確定【新規】
3.11.2　レビュー【タイプ4】
3.11.3　監視【新規】
3.11.4　測定【新規】
3.11.7　検査【変更】
3.11.8　試験【変更】

───── JIS Q 9000:2015 ─────

3.11.1　確定（determination）

一つ又は複数の**特性**(3.10.1),及びその特性の値を見いだすための活動.

3.11.2　レビュー（review）

設定された**目標**（3.7.1）を達成するための**対象**（3.6.1）の適切性,妥当性又は**有効性**（3.7.11）の**確定**（3.11.1）.

　　例　**マネジメント**（3.3.3）レビュー,**設計・開発**（3.4.8）のレビュー,**顧客**（3.2.4）**要求事項**（3.6.4）のレビュー,**是正処置**（3.12.2）のレビュー,同等性レビュー

　　注記　レビューには,**効率**（3.7.10）の**確定**（3.11.1）を含むこともある.

3.11.3　監視（monitoring）

システム（3.5.1）,**プロセス**（3.4.1）,**製品**（3.7.6）,**サービス**（3.7.7）又は活動の状況を**確定**（3.11.1）すること.

　　注記1　状況の**確定**（3.11.1）のために,点検,監督又は注意深い観

察が必要な場合もある．

注記2　監視は，通常，異なる段階又は異なる時間において行われる，**対象**（**3.6.1**）の状況の**確定**（**3.11.1**）である．

注記3　この用語及び定義は，ISO/IEC 専門業務用指針—第1部：統合版 ISO 補足指針の**附属書 SL** に示された ISO マネジメントシステム規格の共通用語及び中核となる定義の一つを成す．元の定義及び**注記1**を変更し，元の定義にない**注記2**を追加した．

3.11.4　測定（measurement）

値を確定する**プロセス**（**3.4.1**）．

注記1　**JIS Z 8101-2** によれば，確定される値は，一般に，ある量の値である．

注記2　この用語及び定義は，ISO/IEC 専門業務用指針—第1部：統合版 ISO 補足指針の**附属書 SL** に示された ISO マネジメントシステム規格の共通用語及び中核となる定義の一つを成す．元の定義にない**注記1**を追加した．

3.11.7　検査（inspection）

規定**要求事項**（**3.6.4**）への**適合**（**3.6.11**）を**確定**（**3.11.1**）すること．

注記1　検査の結果が**適合**（**3.6.11**）を示している場合，その結果を**検証**（**3.8.12**）のために使用することができる．

注記2　検査の結果は，**適合**（**3.6.11**）若しくは**不適合**（**3.6.9**），又は適合の程度を示すことがある．

3.11.8　試験（test）

特定の意図した用途又は適用に関する**要求事項**（**3.6.4**）に従って，**確定**（**3.11.1**）すること．

3.11 確定に関する用語

> **注記** 試験の結果が**適合**（**3.6.11**）を示している場合，その結果を**妥当性確認**（**3.8.13**）のために使用することができる．

　"確定"は，新しく定義された用語である．"確定"は，的確な訳語を選定するのが難しい用語であり，"妥当性確認"や"検証"のような，ISO 独特の用語と考えたほうがよい．

　"確定"とは，対象がどういう状態・状況にあるかを明確にすること，決定することである．状態・状況を表すために特性又はその特性の値を示すこと，見せることが"確定"である．特性の値を決定する行為が"測定"である．

　JIS Q 9000 で定義されている確定を行う行為は，"レビュー"，"監視"，"検査"，"試験"である．これらの定義を見ると，"確定"の意味を理解しやすい．

　"レビュー"は，レビューの対象が，適切，妥当，有効な状態・状況にあるかを確認する行為である．一般には"見直し"，"確認"などと訳すことがあるが，定義があることを強調するために，JIS Q 9001 においては"レビュー"と訳している．旧版では，定義の最後が"判定するために行われる活動"となっていたが，それを意味する"確定"という用語に置き換わっただけで，本質的な意味は変わっていない．適切性，妥当性及び有効性がレビューでの確認事項であり，ここでの注記で述べられているように，効率に関しては"含むこともある"という表現になっている．これは，JIS Q 9001 では効率を問題にしないことにしているからである．一般的には効率もレビューの対象となり得るので，この注記が挿入されている．この定義において，適切性とは用いている手段が合っているかどうか，妥当性とは必要十分であるかどうか，有効性とは目的が達成可能かどうかを意味している．

　レビューにおける"一つ又は複数の特性"とは，例えばレビューの対象が品質マネジメントシステムであれば，不適合の数や状態，内部監査の結果，是正処置の進捗状況などを確認するので，これらが該当する．もちろん，これ以外にも様々な視点から品質マネジメントシステムを確認するので，特性は様々なものがある．

"監視"は,附属書SLで定義されている.システム,プロセス,製品,サービス,活動の状態・状況を調べることである.PDCAサイクルのCに当たる行為である.品質特性値を計測し,値を確認することは監視であるが,このような定量的な測定値を求めること,すなわち測定のみが監視ではないことが,注記1からわかる.点検,監督,注意深い観察によって監視する場合もある.

"検査"は,規定要求事項に適合している状態・状況にあるかを判定する行為であるが,そのためにある品質特性値を計測して,その規格値と比較する.これにより,規格値を超えている,超えていないという特性を見いだすことになる.なお,対象が製品でなくても,規定要求事項と比較して合否判定をするならば,その行為を検査と定義している.一般の検査よりは,広い概念である.検査の定義で重要なのは,適合性評価を行うことである.

"試験"は,対象の状態・状況がどうなっているかを明らかにすることである.つまり,特性又は特性の値そのものを調べることが,"試験"である."特定の意図した用途又は適用に関する要求事項に従って"とあるので,一般に試験を行うための定められた方法が規定されている.旧版までは,検査は適合性評価を行い,試験では行わないという違いがあったが,確定における"特性"に合否までを含めるなら,試験でも合否判定を行うことがあり得る.注記は,そのような場合を想定している.

3.12 処置に関する用語

3.12.1 予防処置【タイプ4】

3.12.2 是正処置【変更】

———— JIS Q 9000:2015 ————

3.12.1 予防処置(preventive action)
起こり得る**不適合**(**3.6.9**)又はその他の起こり得る望ましくない状況の原因を除去するための処置.

注記1　起こり得る**不適合**（**3.6.9**）には，複数の原因がある場合がある．

注記2　**是正処置**（**3.12.2**）は再発を防止するためにとるのに対し，予防処置は発生を未然に防止するためにとる．

3.12.2　**是正処置**（corrective action）

不適合（**3.6.9**）の原因を除去し，再発を防止するための処置．

注記1　**不適合**（**3.6.9**）には，複数の原因がある場合がある．

注記2　**予防処置**（**3.12.1**）は発生を未然に防止するためにとるのに対し，是正処置は再発を防止するためにとる．

注記3　この用語及び定義は，ISO/IEC 専門業務用指針―第 1 部：統合版 ISO 補足指針の**附属書 SL** に示された ISO マネジメントシステム規格の共通用語及び中核となる定義の一つを成す．元の定義にない**注記 1** 及び**注記 2** を追加した．

"予防処置"の定義に変更はないが，"是正処置"は，"その他の検出された望ましくない状況"という記述が削除され，処置の対象が不適合のみとなった．一般に行われる是正処置は不適合に対してのみではないが，附属書 SL に定義されているので，そのまま踏襲している．審査では，不適合に対する是正処置が主に問題となるので，この変更の実質的な影響は小さい．

"予防処置"は，定義の変更はないものの，JIS Q 9001 では，これに関する個別の箇条又は細分箇条はなくなっている．これについては，JIS Q 9001 の"A 4 リスクに基づく考え方"を参照されたいが，"品質マネジメントシステムそのものが，予防処置が組み込まれたシステムである"，と考えているからである．

日本的品質マネジメントにおける概念の中で，PDCA はマネジメントに関する最も重要な概念といえる．特に A（Act：処置）では，再発防止まで行うことが強調されており，品質の向上のための基本となっている．JIS Q 9000

ファミリー規格にも，類似の概念が取り入れられている．

次項にまとめた"3.12.3 修正","3.12.4 再格付け""3.12.8 手直し"，"3.12.9 修理"及び"3.12.10 スクラップ"で述べる不適合製品の処置が，いわゆる現象の除去，すなわち応急処置である．是正処置及び予防処置が原因の除去，すなわち広い意味での再発防止策である．

"是正処置"は"検出された不適合の発生"を，"予防処置"はまだ起こっていないが"起こり得る不適合の発生"を防止することを目的としている．"修正"では，"不適合を除去する"のであり，"原因を除去する"のではないことが是正処置，予防処置との大きな違いである．

予防処置及び是正処置は，製品だけに適用される概念ではない．品質マネジメントシステムに対して，これらの処置がとられることもある．

3.12.3 修正【変更なし】
3.12.4 再格付け【タイプ1】
3.12.8 手直し【タイプ1】
3.12.9 修理【タイプ1】
3.12.10 スクラップ【タイプ1】

―― JIS Q 9000:2015 ――

3.12.3 修正（correction）
検出された**不適合**（3.6.9）を除去するための処置．
　注記1　**是正処置**（3.12.2）に先立って，是正処置と併せて，又は是正処置の後に，修正が行われることもある．
　注記2　修正として，例えば，**手直し**（3.12.8），**再格付け**（3.12.4）がある．

3.12.4 再格付け（regrade）
当初の要求事項とは異なる**要求事項**（3.6.4）に適合するように，**不適合**（3.6.9）となった**製品**（3.7.6）又は**サービス**（3.7.7）の**等級**（3.6.3）

を変更すること．

3.12.8　手直し（rework）

要求事項（**3.6.4**）に適合させるため，**不適合**（**3.6.9**）となった**製品**（**3.7.6**）又は**サービス**（**3.7.7**）に対してとる処置．

　　注記　手直しは，**不適合**（**3.6.9**）**製品**（**3.7.6**）若しくは**サービス**（**3.7.7**）の部分に影響を及ぼす又は部分を変更することがある．

3.12.9　修理（repair）

意図された用途に対して受入れ可能とするため，**不適合**（**3.6.9**）となった**製品**（**3.7.6**）又は**サービス**（**3.7.7**）に対してとる処置．

　　注記１　**不適合**（**3.6.9**）となった**製品**（**3.7.6**）又は**サービス**（**3.7.7**）の修理が成功しても，必ずしも製品又はサービスが**要求事項**（**3.6.4**）に適合するとは限らない．修理と併せて，**特別採用**（**3.12.5**）が必要となることがある．

　　注記２　修理には，例えば，保守の一環として，以前は適合していた**製品**（**3.7.6**）又は**サービス**（**3.7.7**）を使用できるように元に戻す，修復するためにとる処置を含む．

　　注記３　修理は，**不適合**（**3.6.9**）となった**製品**（**3.7.6**）又は**サービス**（**3.7.7**）の部分に影響を及ぼす又は部分を変更することがある．

3.12.10　スクラップ（scrap）

当初の意図していた使用を不可能にするため，**不適合**（**3.6.9**）となった**製品**（**3.7.6**）又は**サービス**（**3.7.7**）に対してとる処置．

　　例　再資源化，破壊

　　注記　**サービス**（**3.7.7**）におけるスクラップとは，当該サービスが不適合の場合に，そのサービスを中止することによって，その

第 2 部　ISO 9000:2015　用語の解説

> 利用を不可能にすることである．

　これらの用語は，いずれも本質的な意味は変わっていない．いずれも不適合製品に対してとる応急的な処置である．その総称が，"修正"という用語である．サービスに，再格付け，修理，スクラップという概念はなじまないが，製品の定義の変更から，"製品及びサービス"という表現が一律に追加されている．サービス内容の変更や中止が該当する．サービスのスクラップとは，サービスを中止することであることが，"スクラップ"の注記からわかる．

　"再格付け"は，製品自体を修正するのではなく，等級を変えることであり，変更後の等級において適合品として扱うことである．

　"手直し"は要求事項に合致するように修正すること，"修理"は使えるように修正することである．日本では，"手直し"，"修理"という言葉をそれほど厳密に区別して使っているわけではない．JIS Q 9000 では，厳密に区別していることに注意が必要である．

　例えば，材料の組成が仕様と異なり，結果として強度仕様に合致しないとき，仕様どおりの組成の材料で作り直すことが"手直し"，補強材を用いるなどが"修理"である．あるいは外径が太すぎて組み立てられないとき，仕様どおりの径にするのが"手直し"で，とにかく組み立てられるように必要な部分だけ細くしたり，相手の部品の内径を太くしてしまうのが"修理"である．

　"スクラップ"は，製品を使えないようにすることである．必ずしも壊す必要はないが，一般には例にある再資源化，破壊が行われるであろう．

3.12.5　特別採用【タイプ1】
3.12.6　逸脱許可【タイプ1】

JIS Q 9000:2015

3.12.5　特別採用（concession）
　規定**要求事項**（3.6.4）に適合していない**製品**（3.7.6）又は**サービス**（3.7.7）の使用又は**リリース**（3.12.7）を認めること．

3.12 処置に関する用語　　　　　　153

> 注記　通常，特別採用は，特定の限度内で**不適合（3.6.9）**となった**特性（3.10.1）**をもつ**製品（3.7.6）**及び**サービス（3.7.7）**を引き渡す場合に限定される．また，製品及びサービスの数量又は期間を限定し，また，特定の用途に対して与えられる．
>
> **3.12.6 逸脱許可（deviation permit）**
> **製品（3.7.6）**又は**サービス（3.7.7）**の当初の規定**要求事項（3.6.4）**からの逸脱を，製品又はサービスの実現に先立ち認めること．
>
> 注記　逸脱許可は，一般に，**製品（3.7.6）**及び**サービス（3.7.7）**の数量又は期間を限定し，また，特定の用途に対して与えられる．

　どちらも規定要求事項からの逸脱の許可に関わる概念であるが，"特別採用"は生産されてしまった製品について，特別の許可を与えて使用や出荷をすることである．特採と略されることもある．"逸脱許可"は，これから生産する製品に対して，生産すれば規定要求事項から逸脱と予想されるが，それを生産することを認めることである．いずれも製品の格付けを下げることや，他の用途で利用するならば問題ないと判断される場合に適用されるもので，可能ならば材料や製品，製造にかかった工数などの無駄を減らすためにとられる処置である．ただし，当然のことながら乱発するのは避けるべきであり，注記にもこれらの許可は限定的に実施されるべきことが記されている．

　いずれの許可も必ずしも文書による必要はないが，JIS Q 9001 の"8.7 不適合なアウトプットの管理"には"正式な許可の取得"とあり，許可は文書で行うのが通常である．

3.12.7　リリース【タイプ4】

JIS Q 9000:2015

3.12.7　リリース（release）

プロセス（3.4.1）の次の段階又は次のプロセスに進めることを認めること．

　　注記　ソフトウェア及び**文書**（3.8.5）の分野では，"リリース"という言葉を，ソフトウェア自体又は文書自体の版を指すために使うことが多い．

　旧版の定義に，"次のプロセスに"が追加された．プロセス内で進めることだけでなく，プロセス間で進めることも"リリース"ということであるが，旧版からそのような意味で用いられており，実質的な意味の変更はない．

　"リリース"とは，何らかの承認を得て，次に進めることである．製品実現における重要なリリースは，"受注→製品提供活動開始"，"設計・開発完了→生産移行"，"製品完成→顧客への引渡し"である．

　この"リリース"の定義においては，二つの点に注意する必要がある．第一は，最終工程から製品を送り出すいわゆる出荷という行為だけを指すのではなく，中間工程で次の工程へ引き渡すことも含まれていることである．例えば，設計から製造へ生産許可の意味で図面を引き渡すことや，ある製造工程から次の製造工程へ進めることも"リリース"である．出荷だけでなく，様々な行為を示すことから，訳語としてはカタカナ表記で"リリース"を用いている．第二は，単に次の段階や工程に進めることだけでなく，進めてもよいという判断が含まれていることである．出荷の場合でいえば，実際に荷物を出す出荷と，出荷を許可することの二つの行為が含まれる．

　"リリース"は，出荷だけを意味するのではないので，顧客への引渡しを意味するリリースの場合には，誤解のないように単に"製品及びサービスのリリース"ではなく，"顧客への製品及びサービスのリリース"という表現が用いられる．

3.13 監査に関する用語

3.13.1 監査【タイプ4】
3.13.2 複合監査【新規】
3.13.3 合同監査【新規】

JIS Q 9000:2015

3.13.1 監査（audit）

監査基準（**3.13.7**）が満たされている程度を判定するために，**客観的証拠**（**3.8.3**）を収集し，それを客観的に評価するための，体系的で，独立し，文書化した**プロセス**（**3.4.1**）．

注記1　監査の基本的要素には，監査される**対象**（**3.6.1**）に関して責任を負っていない要員が実行する**手順**（**3.4.5**）に従った，対象の**適合**（**3.6.11**）の**確定**（**3.11.1**）が含まれる．

注記2　監査は，内部監査（第一者）又は外部監査（第二者・第三者）のいずれでもあり得る．また，**複合監査**（**3.13.2**）又は**合同監査**（**3.13.3**）のいずれでもあり得る．

注記3　内部監査は，第一者監査と呼ばれることもあり，**マネジメント**（**3.3.3**）**レビュー**（**3.11.2**）及びその他の内部目的のために，その**組織**（**3.2.1**）自体又は代理人によって行われ，その組織の**適合**（**3.6.11**）を宣言するための基礎となり得る．独立性は，監査されている活動に関する責任を負っていないことで実証することができる．

注記4　外部監査には，一般的に第二者監査及び第三者監査と呼ばれるものが含まれる．第二者監査は，**顧客**（**3.2.4**）など，その**組織**（**3.2.1**）に利害をもつ者又はその代理人によって行われる．第三者監査は，**適合**（**3.6.11**）を認証・登録する機関又は政府機関のような，外部の独立した監査機関によって行われる．

注記5　この用語及び定義は，ISO/IEC 専門業務用指針―第1部：統合版 ISO 補足指針の**附属書 SL** に示された ISO マネジメントシステム規格の共通用語及び中核となる定義の一つを成す．監査基準の定義と監査証拠の定義との間の循環の影響を取り除くため，元の定義及び注記を変更した．また，**注記3** 及び**注記4** を追加した．

3.13.2　複合監査（combined audit）

一つの被監査者において，複数の**マネジメントシステム**（**3.5.3**）を同時に**監査**（**3.13.1**）すること．

　　注記　複合監査に含め得るマネジメントシステムの部分は，**組織**（**3.2.1**）が適用している関連するマネジメントシステム規格，製品規格，サービス規格又はプロセス規格によって特定することができる．

3.13.3　合同監査（joint audit）

複数の監査する**組織**（**3.2.1**）が一つの**被監査者**（**3.13.12**）を**監査**（**3.13.1**）すること．

監査に関する用語は，マネジメントシステム監査のための指針である JIS Q 19011:2012 の用語をほぼそのまま採用している．変更したものは，注記にその旨が記載してある．"複合監査"，"合同監査"は，JIS Q 19011:2012 の"監査"の注記にこれらの説明があるが，定義はされていないので新規の用語となる．

"監査"の定義は，"監査証拠"が"客観的証拠"に変更されているが，監査の際に集められた客観的証拠が"監査証拠"であるから，これも本質的な意味の変更はない．"監査"とは，それが組織の活動に対して用いられるときには，活動及びそれに関連する結果が計画・目標に合致しているかどうか，ま

たこれらの計画が有効に実施され目標達成のために適切なものであるかどうかを判定するために行われる体系的かつ独立的な審査を意味する．"マネジメントレビュー"が品質方針及び品質目標との関連における品質マネジメントシステムの妥当性を評価するのに対し，"監査"では，品質活動とその結果との差異，計画の適切さを主に確認する．

"監査"には，注記にもあるように，監査側と被監査側との関係によって，第一者監査，第二者監査及び第三者監査に区分される．第一者監査は"内部監査"とも呼ばれ，組織内部の目的のためにその組織自体又は代理人によって実施される監査である．内部監査の結果，監査基準に適合していることが証明されれば，自己適合宣言の基礎とすることができる．

第二者監査は，取引関係にある顧客などの利害関係にある団体又はその代理人によって実施され，第三者監査は外部の独立した監査機関によって行われる．第二者監査及び第三者監査は，その性格上，"外部監査"といわれる．第三者監査の代表的なものが，JIS Q 9001 を基準文書とする審査である．監査結果によって適合・不適合を決める場合には，監査を"審査"と呼ぶことがある．

"内部監査"とは，その組織内部の人，又はその代理人によって行われる内部目的のための監査である．業務の内容について精通した内部の要員が監査を行うことは，外部監査に比べて多少の客観性は失われるが，改善のために有効な情報が得られることも多い．

"複合監査"とは，例えば品質マネジメントシステムと環境マネジメントシステムを同時に監査することである．"合同監査"とは，例えばA認証機関とB認証機関が協力して一つの被監査組織を監査することである．

3.13.4 監査プログラム【変更なし】
3.13.5 監査範囲【変更なし】
3.13.6 監査計画【変更なし】

---- JIS Q 9000:2015 ----

3.13.4 監査プログラム（audit programme）
特定の目的に向けた，決められた期間内で実行するように計画された一連の**監査**（3.13.1）．
（**JIS Q 19011**:2012 の 3.13 を変更．）

3.13.5 監査範囲（audit scope）
監査（3.13.1）の及ぶ領域及び境界．
注記 監査範囲は，一般に，場所，組織単位，活動及び**プロセス**（3.4.1）を示すものを含む．
（**JIS Q 19011**:2012 の 3.14 の**注記**を変更．）

3.13.6 監査計画（audit plan）
監査（3.13.1）のための活動及び手配事項を示すもの．
（**JIS Q 19011**:2012 の 3.15 参照）

"3.13.1 監査"の定義にあるように，JIS Q 19011 の監査は，体系的で文書化したプロセスである．要するに，いい加減にやるのではなく，きちんとした手続きに従って実施する必要がある．"体系的"ということに関連するのが，これらの用語である．

"監査プログラム"は，効果的，効率的に監査を実施するために必要な全ての活動を含む，ある特定の目的を監査するために実施される一連の監査である．一連の監査とは，監査の目的を達成するために実施しなければならない監査の全体と考えればよい．したがって，監査する対象となる組織の規模，性質及び複雑さに応じて，一つ以上の監査があってもよく，また目的によっては複

合監査又は合同監査があってもよい．

　監査プログラムの目的としては，認証，契約上の要求事項の検証，品質マネジメントシステムの改善など，様々なものがあり得る．例えば，"内部監査やマネジメントレビューでの指摘事項に対して，各部門で確実に PDCA サイクルが回されているかについて，組織の全部門を監査する"，あるいは"種々の業務プロセスにおいて，手順が明確に文書化され，問題があればその改善とともに，文書の改訂が確実に行われているかを監査する"といったことが考えられる．このような目的の場合，複数の部門や多くの業務プロセスを何回かの監査に分けて行うことになり，監査対象も多くなり，経時的に活動を追っていく必要もあることから，場合によっては 2, 3 年を要することもある．この場合は，ある目的に対して複数回の監査が行われることになり，それが"一連の監査"である．

　監査プログラムを計画するに当たって含めるべき内容は，上述した監査の目的以外に，監査範囲，責任，資源，手順がある．"監査範囲"とは，監査対象の場所，組織単位，活動，プロセス，期間などである．"責任"とは，監査プログラムの責任を誰がもつか，資源とは監査員と技術専門家等の人員，財源などである．"手順"とは，監査プログラムをどのような手順で実施するかである．

　"監査計画"とは，監査のための活動及び手配事項を示したものである．監査計画では，対象組織の規模及び複雑さによって，監査に必要な工数を決める．また，監査チームリーダーを指名し，監査の目的，範囲及び基準を明確にし，監査の適切性の確認を行い，監査チームの選定を行う．さらに全体の監査対象に基づき，監査員一人ひとりに，プロセス，部門，現場又は活動を割り当てる．割当ての際には，監査員の独立性及び力量に関するニーズ，資源の効果的な活用，また，監査員，技術専門家の役割及び責任を明確にする．

　ここでの監査は，認証などの外部機関による監査だけでなく，組織内部で行う内部監査も対象となる．内部監査においても，監査プログラムの計画が必要である．自分たちの活動の改善につながるような目的を明確に定め，どのよう

に管理するかを決めることが重要である．定めた目的を達成するために，監査をどのように構成して，どのような順番で，何を見るべきかなどの進め方をきちんと考えて決めることが望ましい．

3.13.7　監査基準【タイプ4】
3.13.8　監査証拠【変更なし】
3.13.9　監査所見【変更なし】
3.13.10　監査結論【変更】

――――― JIS Q 9000:2015

3.13.7　監査基準（audit criteria）
　客観的証拠（3.8.3）と比較する基準として用いる一連の**方針**（3.5.8），**手順**（3.4.5）又は**要求事項**（3.6.4）．
　（**JIS Q 19011**:2012 の 3.2 を変更．用語"監査証拠"を"客観的証拠"に置き換えた．）

3.13.8　監査証拠（audit evidence）
　監査基準（3.13.7）に関連し，かつ，検証できる，記録，事実の記述又はその他の情報．
　（**JIS Q 19011**:2012 の 3.3 を変更．注記を削除した．）

3.13.9　監査所見（audit findings）
　収集された**監査証拠**（3.13.8）を，**監査基準**（3.13.7）に対して評価した結果．
　　注記1　監査所見は，**適合**（3.6.11）又は**不適合**（3.6.9）を示す．
　　注記2　監査所見は，**改善**（3.3.1）の機会の特定又は優れた実践事例の記録を導き得る．
　　注記3　**監査基準**（3.13.7）が**法令要求事項**（3.6.6）又は**規制要求事項**（3.6.7）から選択される場合，監査所見は"遵守"又

は"不遵守"と呼ばれることがある．

(**JIS Q 19011**:2012 の 3.4 を変更．**注記 3** を変更した．)

3.13.10 監査結論（audit conclusion）

監査（3.13.1）の目的及び全ての**監査所見**（3.13.9）を考慮した上での，監査の結論．

(**JIS Q 19011**:2012 の 3.5 参照)

"監査結論"の定義は，旧版の定義から"監査チームの出した"が削除されているが，本質的な変更はない．

JIS Q 9000，JIS Q 19011 における監査は，3.13.1 及び 3.13.7〜3.13.10 の定義を順にたどっていくと，次のような活動で"監査結論"を出す行為であることがわかる．すなわち，ある対象が"監査基準"を満たしている程度を判定するために，"監査証拠"を収集して"監査基準"に照らし合わせて評価した結果を"監査所見"として表す．そして，全ての"監査所見"をまとめて，"監査基準"を満たしているかに関して出す結論が，"監査結論"である．

"監査基準"には，法律・規制，要求事項などが用いられる．基準の典型的な例が，JIS Q 9001 である．一般に，監査の目的は，システムやプロセスの不備を発見し，それを改善することである．現在では，この目的を達成するために，監査は有力な手段であることが認知され，種々の分野での認証，組織的改善の手段などに幅広く用いられている．

3.13.11 監査依頼者【変更なし】
3.13.12 被監査者【変更なし】
3.13.13 案内役【新規】
3.13.14 監査チーム【タイプ4】
3.13.15 監査員【変更】
3.13.16 技術専門家【変更なし】
3.13.17 オブザーバ【新規】

―― JIS Q 9000:2015 ――

3.13.11 監査依頼者（audit client）

監査（3.13.1）を要請する**組織**（3.2.1）又は個人．

（JIS Q 19011:2012 の 3.6 を変更．注記を削除した．）

3.13.12 被監査者（auditee）

監査される**組織**（3.2.1）．

（JIS Q 19011:2012 の 3.7 参照）

3.13.13 案内役（guide）

＜監査＞**監査チーム**（3.13.14）を手助けするために，**被監査者**（3.13.12）によって指名された人．

（JIS Q 19011:2012 の 3.12 参照）

3.13.14 監査チーム（audit team）

監査（3.13.1）を行う個人又は複数の人々．必要な場合は，**技術専門家**（3.13.16）による支援を受ける．

　　注記1　監査チームの中の一人の**監査員**（3.13.15）は，監査チームリーダーに指名される．

　　注記2　監査チームには，訓練中の監査員を含めることができる．

（JIS Q 19011:2012 の 3.9 を変更．）

3.13 監査に関する用語

3.13.15 監査員（auditor）

監査（3.13.1）を行う人．

（**JIS Q 19011**:2012 の 3.8 参照）

3.13.16 技術専門家（technical expert）

＜監査＞監査チーム（3.13.14）に特定の知識又は専門的技術を提供する人．

　　注記1　特定の知識又は専門的技術とは，監査される**組織**（3.2.1），**プロセス**（3.4.1）若しくは活動に関係するもの，又は言語若しくは文化に関係するものである．

　　注記2　技術専門家は，**監査チーム**（3.13.14）の**監査員**（3.13.15）としての行動はしない．

（**JIS Q 19011**:2012 の 3.10 を変更．**注記1** を変更した．）

3.13.17 オブザーバ（observer）

＜監査＞**監査チーム**（3.13.14）に同行するが，**監査員**（3.13.15）として行動しない人．

　　注記　オブザーバは，**監査**（3.13.1）に立ち会う**被監査者**（3.13.12）の一員，規制当局又はその他の**利害関係者**（3.2.3）の場合がある．

［**JIS Q 19011**:2012 の 3.11 を変更．動詞"監査を行う"（audit）を定義から取り除いた．**注記**も変更した．］

"案内役"と"オブザーバ"は，JIS Q 19011:2012 で初めて定義されており，JIS Q 9000:2005 発行の際には定義されていなかったので，新規の用語である．"監査員"は，旧版では"実証された個人的特質及び力量をもった"という条件が付けられていたが，削除されている．どんな要件を満たすべきかは，当該の規格（この場合は JIS Q 19011）で規定すべきことであるので，簡

潔な定義に変更されている．それ以外の用語は，変更はない．

"監査依頼者"とは，ある監査の実施を依頼する組織又は人である．監査される組織である"被監査者"が依頼する場合もあれば，例えば取引先が契約のために独立した監査機関に代理で監査をしてもらう場合など，被監査者以外が依頼する場合もある．

第三者認証における監査依頼者が誰であるかについては議論があるが，認証される組織と考えるのではなく，認証機関と考えるほうが妥当である．JIS Q 19011の規定によれば，監査依頼者は監査報告書の所有者である．また，監査目的，範囲及び基準を監査依頼者と監査チームリーダーとで決めることが望ましいと規定されている．もし監査依頼者が認証される組織であるとすると，第三者認証の信頼性は全く保証されないことになる．第三者認証においては，組織は監査を依頼しているのではなく，認証を求めているのであって，その求めに応じて認証機関が審査チームに監査を依頼していると考える．すなわち，第三者認証における監査依頼者は，認証機関であると考えるのが妥当である．

監査を実施する人は，"監査員"と呼ばれる．"監査員"は，監査を行うために必要な能力をもっていなければならない．JIS Q 19011においては，知識や技能だけでなく，ある個人的特質ももっていることを要求している．これらを総称して力量と呼んでいる．

監査は，一般には一人で行うのではなく，"監査チーム"と呼ばれるチームを組んで実施することが多い．第三者監査の場合，必ずしも被監査組織の製品や工程に関する技術的内容について精通している人が監査員とならない場合もある．例えば，病院の監査を行うのに，医療従事者以外が監査員となる場合などである．このような場合に，専門的知識や技術を提供するのが，"技術専門家"である．監査チームに同行することはあるが，一般には監査員の役割を果たすことはない．

"案内役"は，監査チームの手助けをする人で，監査チームのリーダーの要請に応じて行動する．例えば，面談すべき人の特定，情報収集の支援などがある．"オブザーバ"は，監査は行わないが，監査に立ち会う人のことである．

その他の用語

JIS Q 9001には，この規格固有の使われ方をされる副詞句や動詞が幾つかある．それらについて，以下で解説する．

> 該当する場合には，必ず（as applicable, where applicable, if applicable）
>
> 必要に応じて（as appropriate, as necessary）

as applicable, where applicable, if applicable は，いずれも"該当する場合には，必ず"と訳しており，条件が当てはまる，あるいはある事柄が発生したような場合には，その要求事項を"必ず"適用ないしは実施しなければならないことを意味している．例えば，JIS Q 9001 の"8.2.3 製品及びサービスに関連する要求事項のレビュー"の 8.2.3.2 には，

"組織は，該当する場合には，必ず，次の事項に関する文書化した情報を保持しなければならない．

a) レビューの結果

b) 製品及びサービスに関する新たな要求事項"

とある．これは，レビューを行った場合，又は新たな要求事項がある場合には，例外なく文書化した情報を保持しなければならないということである．

as appropriate, as necessary は，いずれも"必要に応じて"と訳しており，組織が必要と判断すれば，その要求事項を適用ないしは実施すべきことを意味している．例えば，JIS Q 9001 の"6.2 品質目標及びそれを達成するための計画策定"の 6.2.1 には，

"品質目標は，次の事項を満たさなければならない．

［a)～f)省略］

g) 必要に応じて，更新する．"

とある．品質目標は，必ず更新する必要はなく，組織が更新すべきと判断した

ら更新すればよいということである．

> 確実にする（ensure）

"確実にする"は，トップマネジメントに対する要求事項に頻出する動詞である．"確実にする"とは，トップマネジメント自らが実施するのではなく，組織が確実に実施できるように"何か"をすることである．"何か"は，経営資源を割り当てること，組織体制を整えること，品質マネジメントシステムの状況を確認すること，指示を出すことなど，種々のことが考えられる．確実にするために何を行うかは，トップマネジメントが熟慮の上，決めなければならない．

品質マネジメントシステムの運用に関しては，システムが動くように組織を作り，経営資源を割り当て，しかるべき手順で確立されていることを確認し，手順どおりに実施されていることを確認することである．また，マネジメントレビューによって適切性，妥当性，有効性などを確認し，必要な指示を出すことも重要である．

> 計画する（plan）
> 設定する，確立する，定める（establish）
> 実施する，実行する（implement）
> 維持する（maintain）

JIS Q 9001 では，品質マネジメントシステムやプロセスを"plan, establish, implement and maintain"しなければならない，という表現が出てくる．この順番で実施される行為である，ということを頭に入れながら以下の解説を読むと理解しやすいだろう．

"計画する"は，PDCAサイクルのPであり，単にスケジューリングを行うような単純な行為ではなく，目的の明確化，目標の設定，実行手順の策定等，目的達成のための綿密な計画を立案することを意味する．別の言葉でいえば，

設計に近いかもしれない．"品質マネジメントシステムの計画"，"プロセスの計画"のように使われる．

"確立する（establish）"は，計画したものを実際に作り上げる，構築することである．実際に実施（implement）できるように整備することである．"品質マネジメントシステムを確立する"，"プロセスを確立する"のように使われる．また，目標や方針を設定する，適用範囲を定める場合にも"establish"が使われる．

PDCAのDに近いのが，"実施する（implement）"である．計画やシステムに基づいて実際に動かしていくことである．"品質マネジメントシステムを実施する"，"活動を実施する"のように使われる．

"維持する"は，"品質マネジメントシステムを維持する"，"文書化した情報を維持する"のように用いられ，"○○を維持する"の○○には品質マネジメントシステムの要素が入ることが多い．維持するというのは，同じ状態に保つことであるが，全く変動しないようにする，ということではない．ある一定の水準を保つために何らかの処置をとるという意味である．維持することの目的は，同じ状態を保つことであるが，あるレベル以上，あるいはあるレベル以下になったら，元の状態になるように修正，調整，修理，改訂，場合によっては改善を行うことである．日常業務を管理する日常管理において，PDCAサイクルを回すイメージに近い．

例えば，"文書化した情報を維持する"というのは，文書が全く変化しないように大切に保管することも重要であるが，改訂が必要ならば改訂を行い，廃棄が必要なら廃棄する，すなわち文書管理をきちんと行っていくことを意味する．記録の場合には，全く同じ状態で保管することが重要であるが，その場合は保持する（retain）が今回の改訂で用いられることになった．

取り組む，規定する（address）

JIS Q 9001の本文中に"address"が出てくる場合は，大半が"address

risks and opportunities" である．この場合の "address" は，本気で取り組むという意味である．訳語としては，"取り組む" をあてている．JIS Q 9001 の附属書において，この規格中で○○と記述してある，という意味で address も使われている．その場合には，"規定する" という訳語をあてている．

"address risks and opportunities" は，今回の改訂で新しく導入された規定である．取り組むとは何をすることなのか．一様に定めることは難しいが，リスクや機会を見いだすこと，分析すること，それに対する策（リスクに対処するような策も考えられるし，機会を積極的に活用するような前向きな策もあり得る）を計画し，実施することが含まれると考えられる．

考慮する，考える，みなす（consider）

"consider" は大きく分けて，二つの意味で用いられている．"考慮する，考える" と "みなす" である．

JIS Q 9001 においては，前者の意味で，"The organization shall consider xxx" という規定が頻出する．consider 以下の xxx で幾つかの考慮事項を挙げ，規定要求事項を実施する際の視点を与えている．例えば，"8.3.3 設計・開発へのインプット" では，"要求事項を明らかにしなければならない．その際に，次の事項を考慮しなければならない" として，機能及びパフォーマンスに関する要求事項など，5項目を挙げている．他の日本語では "検討する" が近い用語である．実際には，単に "考える" だけでなく，xxx に該当するものを調査する，分析するなどを行うことを意味する．

"みなす" という意味の場合は considered という受け身形で用いられており，"そう考えられる○○"，"そのようにみなすことができる○○" のように使われる．別の日本語で言い換えれば，"判断した" が近い．

表 2.1 ISO 9000 2005 年版と 2015 年版の対比表

項番	ISO 9000:2005 用語 (JIS)	用語 (ISO)	項番	ISO 9000:2015 用語 (JIS)	用語 (ISO)
3.1.1	品質	quality	3.6.2	品質	quality
3.1.2	要求事項	requirement	3.6.4	要求事項	requirement
3.1.3	等級	grade	3.6.3	等級	grade
3.1.4	顧客満足	customer satisfaction	3.9.2	顧客満足	customer satisfaction
3.1.5	実現能力	capability	3.6.12	実現能力	capability
3.1.6	力量	competence	3.10.4	力量	competence
3.2.1	システム	system	3.5.1	システム	system
3.2.2	マネジメントシステム	management system	3.5.3	マネジメントシステム	management system
3.2.3	品質マネジメントシステム	quality management system	3.5.4	品質マネジメントシステム	quality management system
3.2.4	品質方針	quality policy	3.5.9	品質方針	quality policy
3.2.5	品質目標	quality objective	3.7.2	品質目標	quality objective
3.2.6	マネジメント，運営管理，運用管理	management	3.3.3	マネジメント，運営管理	management
3.2.7	トップマネジメント	top management	3.1.1	トップマネジメント	top management
3.2.8	品質マネジメント	quality management	3.3.4	品質マネジメント	quality management
3.2.9	品質計画	quality planning	3.3.5	品質計画	quality planning
3.2.10	品質管理	quality control	3.3.7	品質管理	quality control
3.2.11	品質保証	quality assurance	3.3.6	品質保証	quality assurance
3.2.12	品質改善	quality improvement	3.3.8	品質改善	quality improvement
3.2.13	継続的改善	continual improvement	3.3.2	継続的改善	continual improvement
3.2.14	有効性	effectiveness	3.7.11	有効性	effectiveness
3.2.15	効率	efficiency	3.7.10	効率	efficiency
3.3.1	組織	organization	3.2.1	組織	organization
3.3.2	組織構造	organizational structure	削除		
3.3.3	インフラストラクチャー	infrastructure	3.5.2	インフラストラクチャ	infrastructure
3.3.4	作業環境	work environment	3.5.5	作業環境	work environment
3.3.5	顧客	customer	3.2.4	顧客	customer
3.3.6	供給者	supplier	3.2.5	提供者/供給者	provider/supplier
3.3.7	利害関係者	interested party	3.2.3	利害関係者/ステークホルダー	interested party/stakeholder

第 2 部 ISO 9000

表 2.1 (続き)

項番	ISO 9000:2005 用語 (JIS)	用語 (ISO)	項番	ISO 9000:2015 用語 (JIS)	用語 (ISO)
3.3.8	契約	contract	3.4.7	契約	contract
3.4.1	プロセス	process	3.4.1	プロセス	process
3.4.2	製品	product	3.7.6	製品	product
3.4.3	プロジェクト	project	3.4.2	プロジェクト	project
3.4.4	設計・開発	design and development	3.4.8	設計・開発	design and development
3.4.5	手順	procedure	3.4.5	手順	procedure
3.5.1	特性	characteristic	3.10.1	特性	characteristic
3.5.2	品質特性	quality characteristic	3.10.2	品質特性	quality characteristic
3.5.3	ディペンダビリティ	dependability	3.6.14	ディペンダビリティ	dependability
3.5.4	トレーサビリティ	traceability	3.6.13	トレーサビリティ	traceability
3.6.1	適合	conformity	3.6.11	適合	conformity
3.6.2	不適合	nonconformity	3.6.9	不適合	nonconformity
3.6.3	欠陥	defect	3.6.10	欠陥	defect
3.6.4	予防処置	preventive action	3.12.1	予防処置	preventive action
3.6.5	是正処置	corrective action	3.12.2	是正処置	corrective action
3.6.6	修正	correction	3.12.3	修正	correction
3.6.7	手直し	rework	3.12.8	手直し	rework
3.6.8	再格付け	regrade	3.12.4	再格付け	regrade
3.6.9	修理	repair	3.12.9	修理	repair
3.6.10	スクラップ	scrap	3.12.10	スクラップ	scrap
3.6.11	特別採用	concession	3.12.5	特別採用	concession
3.6.12	逸脱許可	deviation permit	3.12.6	逸脱許可	deviation permit
3.6.13	リリース	release	3.12.7	リリース	release
3.7.1	情報	information	3.8.2	情報	information
3.7.2	文書	document	3.8.5	文書	document
3.7.3	仕様書	specification	3.8.7	仕様書	specification
3.7.4	品質マニュアル	quality manual	3.8.8	品質マニュアル	quality manual
3.7.5	品質計画書	quality plan	3.8.9	品質計画書	quality plan
3.7.6	記録	record	3.8.10	記録	record

表 2.1 (続き)

項番	ISO 9000:2005 用語 (JIS)	用語 (ISO)	項番	ISO 9000:2015 用語 (JIS)	用語 (ISO)
3.8.1	客観的証拠	objective evidence	3.8.3	客観的証拠	objective evidence
3.8.2	検査	inspection	3.11.7	検査	inspection
3.8.3	試験	test	3.11.8	試験	test
3.8.4	検証	verification	3.8.12	検証	verification
3.8.5	妥当性確認	validation	3.8.13	妥当性確認	validation
3.8.6	適格性確認プロセス	qualification process	削除		
3.8.7	レビュー	review	3.11.2	レビュー	review
3.9.1	監査	audit	3.13.1	監査	audit
3.9.2	監査プログラム	audit programme	3.13.4	監査プログラム	audit programme
3.9.3	監査基準	audit criteria	3.13.7	監査基準	audit criteria
3.9.4	監査証拠	audit evidence	3.13.8	監査証拠	audit evidence
3.9.5	監査所見	audit findings	3.13.9	監査所見	audit findings
3.9.6	監査結論	audit conclusion	3.13.10	監査結論	audit conclusion
3.9.7	監査依頼者	audit client	3.13.11	監査依頼者	audit client
3.9.8	被監査者	auditee	3.13.12	被監査者	auditee
3.9.9	監査員	auditor	3.13.15	監査員	auditor
3.9.10	監査チーム	audit team	3.13.14	監査チーム	audit team
3.9.11	技術専門家	technical expert	3.13.16	技術専門家	technical expert
3.9.12	監査計画	audit plan	3.13.6	監査計画	audit plan
3.9.13	監査範囲	audit scope	3.13.5	監査範囲	audit scope
3.9.14	力量 (監査)	competence (audit)			
3.10.1	計測マネジメントシステム	measurement management system	3.5.7	計測マネジメントシステム	measurement management system
3.10.2	測定プロセス	measurement process	3.11.5	測定プロセス	measurement process
3.10.3	計量確認	metrological confirmation	3.5.6	計量確認	metrological confirmation
3.10.4	測定機器	measuring equipment	3.11.6	測定機器	measuring equipment
3.10.5	計量特性	metrological characteristic	3.10.5	計量特性	metrological characteristic
3.10.6	計量機能	metrological function	3.2.9	計量機能	metrological function

第2部　ISO 9000:2015　用語の解説

表 2.2　ISO 9000　2005年版と2015年版の対比表

項番	ISO 9000:2015 用語 (JIS)	ISO 9000:2015 用語 (ISO)	項番	ISO 9000:2005 用語 (JIS)	ISO 9000:2005 用語 (ISO)
3.1.1	トップマネジメント	top management	3.2.7	トップマネジメント	top management
3.1.2	品質マネジメントシステムコンサルタント	quality management system consultant			
3.1.3	参画	involvement			
3.1.4	積極的参加	engagement			
3.1.5	コンフィギュレーション機関／コンフィギュレーション統制委員会／コンフィギュレーション決定委員会	configuration authority/ configuration control board/ dispositioning authority			
3.1.6	紛争解決者	dispute resolver			
3.2.1	組織	organization	3.3.1	組織	organization
3.2.2	組織の状況	context of the organization			
3.2.3	利害関係者／ステークホルダー	interested party/stakeholder	3.3.7	利害関係者	interested party
3.2.4	顧客	customer	3.3.5	顧客	customer
3.2.5	提供者／供給者	provider/supplier	3.3.6	供給者	supplier
3.2.6	外部提供者／外部供給者	external provider/external supplier			
3.2.7	DRP提供者／紛争解決手続提供者	DRP-provider			
3.2.8	協会	association			
3.2.9	計量機能	metrological function	3.10.6	計量機能	metrological function
3.3.1	改善	improvement			
3.3.2	継続的改善	continual improvement	3.2.13	継続的改善	continual improvement
3.3.3	マネジメント，運営管理	management	3.2.6	マネジメント，運営管理，運用管理	management
3.3.4	品質マネジメント	quality management	3.2.8	品質マネジメント	quality management
3.3.5	品質計画	quality planning	3.2.9	品質計画	quality planning
3.3.6	品質保証	quality assurance	3.2.11	品質保証	quality assurance
3.3.7	品質管理	quality control	3.2.10	品質管理	quality control
3.3.8	品質改善	quality improvement	3.2.12	品質改善	quality improvement

表 2.2 (続き)

項番	ISO 9000:2015 用語 (JIS)	用語 (ISO)	項番	ISO 9000:2005 用語 (JIS)	用語 (ISO)
3.3.9	コンフィギュレーション管理	configuration management			
3.3.10	変更管理	change control			
3.3.11	活動	activity			
3.3.12	プロジェクトマネジメント	project management			
3.3.13	コンフィギュレーション対象	configuration object			
3.4.1	プロセス	process	3.4.1	プロセス	process
3.4.2	プロジェクト	project	3.4.3	プロジェクト	project
3.4.3	品質マネジメントシステムの実現	quality management system realization			
3.4.4	力量の習得	competence acquisition			
3.4.5	手順	procedure	3.4.5	手順	procedure
3.4.6	外部委託する	outsource			
3.4.7	契約	contract	3.3.8	契約	contract
3.4.8	設計・開発	design and development	3.4.4	設計・開発	design and development
3.5.1	システム	system	3.2.1	システム	system
3.5.2	インフラストラクチャー	infrastructure	3.3.3	インフラストラクチャー	infrastructure
3.5.3	マネジメントシステム	management system	3.2.2	マネジメントシステム	management system
3.5.4	品質マネジメントシステム	quality management system	3.2.3	品質マネジメントシステム	quality management system
3.5.5	作業環境	work environment	3.3.4	作業環境	work environment
3.5.6	計量確認	metrological confirmation	3.10.3	計量確認	metrological confirmation
3.5.7	計測マネジメントシステム	measurement management system	3.10.1	計測マネジメントシステム	measurement management system
3.5.8	方針	policy			
3.5.9	品質方針	quality policy	3.2.4	品質方針	quality policy
3.5.10	ビジョン	vision			
3.5.11	使命	mission			
3.5.12	戦略	strategy			
3.6.1	対象/実体/項目	object/entity/item			
3.6.2	品質	quality	3.1.1	品質	quality

表 2.2 (続き)

項番	ISO 9000:2015 用語 (JIS)	ISO 9000:2015 用語 (ISO)	項番	ISO 9000:2005 用語 (JIS)	ISO 9000:2005 用語 (ISO)
3.6.3	等級	grade	3.1.3	等級	grade
3.6.4	要求事項	requirement	3.1.2	要求事項	requirement
3.6.5	品質要求事項	quality requirement			
3.6.6	法令要求事項	statutory requirement			
3.6.7	規制要求事項	regulatory requirement			
3.6.8	製品コンフィギュレーション情報	product configuration information			
3.6.9	不適合	nonconformity	3.6.2	不適合	nonconformity
3.6.10	欠陥	defect	3.6.3	欠陥	defect
3.6.11	適合	conformity	3.6.1	適合	conformity
3.6.12	実現能力	capability	3.1.5	実現能力	capability
3.6.13	トレーサビリティ	traceability	3.5.4	トレーサビリティ	traceability
3.6.14	ディペンダビリティ	dependability	3.5.3	ディペンダビリティ	dependability
3.6.15	革新	innovation			
3.7.1	目標	objective			
3.7.2	品質目標	quality objective	3.2.5	品質目標	quality objective
3.7.3	成功	success			
3.7.4	持続的成功	sustained success			
3.7.5	アウトプット	output			
3.7.6	製品	product	3.4.2	製品	product
3.7.7	サービス	service			
3.7.8	パフォーマンス	performance			
3.7.9	リスク	risk			
3.7.10	効率	efficiency	3.2.15	効率	efficiency
3.7.11	有効性	effectiveness	3.2.14	有効性	effectiveness
3.8.1	データ	data			
3.8.2	情報	information	3.7.1	情報	information
3.8.3	客観的証拠	objective evidence	3.8.1	客観的証拠	objective evidence
3.8.4	情報システム	information system			

表 2.2 (続き)

	ISO 9000:2015				ISO 9000:2005	
項番	用語 (JIS)	用語 (ISO)		項番	用語 (JIS)	用語 (ISO)
3.8.5	文書	document		3.7.2	文書	document
3.8.6	文書化した情報	documented information				
3.8.7	仕様書	specification		3.7.3	仕様書	specification
3.8.8	品質マニュアル	quality manual		3.7.4	品質マニュアル	quality manual
3.8.9	品質計画書	quality plan		3.7.5	品質計画書	quality plan
3.8.10	記録	record		3.7.6	記録	record
3.8.11	プロジェクトマネジメント計画書	project management plan				
3.8.12	検証	verification		3.8.4	検証	verification
3.8.13	妥当性確認	validation		3.8.5	妥当性確認	validation
3.8.14	コンフィギュレーション状況の報告	configuration status accounting				
3.8.15	個別ケース	specific case				
3.9.1	フィードバック	feedback				
3.9.2	顧客満足	customer satisfaction		3.1.4	顧客満足	customer satisfaction
3.9.3	苦情	complaint				
3.9.4	顧客サービス	customer service				
3.9.5	顧客満足行動規範	customer satisfaction code of conduct				
3.9.6	紛争	dispute				
3.10.1	特性	characteristic		3.5.1	特性	characteristic
3.10.2	品質特性	quality characteristic		3.5.2	品質特性	quality characteristic
3.10.3	人的要因	human factor				
3.10.4	力量	competence		3.1.6	力量	competence
3.10.5	計量特性	metrological characteristic		3.10.5	計量特性	metrological characteristic
3.10.6	コンフィギュレーション	configuration				
3.10.7	コンフィギュレーションベースライン	configuration baseline				
3.11.1	確定	determination				

表 2.2 (続き)

	ISO 9000:2015			ISO 9000:2005	
項番	用語 (JIS)	用語 (ISO)	項番	用語 (JIS)	用語 (ISO)
3.11.2	レビュー	review	3.8.7	レビュー	review
3.11.3	監視	monitoring			
3.11.4	測定	measurement			
3.11.5	測定プロセス	measurement process	3.10.2	測定プロセス	measurement process
3.11.6	測定機器	measuring equipment	3.10.4	測定機器	measuring equipment
3.11.7	検査	inspection	3.8.2	検査	inspection
3.11.8	試験	test	3.8.3	試験	test
3.11.9	進捗評価	progress evaluation			
3.12.1	予防処置	preventive action	3.6.4	予防処置	preventive action
3.12.2	是正処置	corrective action	3.6.5	是正処置	corrective action
3.12.3	修正	correction	3.6.6	修正	correction
3.12.4	再格付け	regrade	3.6.8	再格付け	regrade
3.12.5	特別採用	concession	3.6.11	特別採用	concession
3.12.6	逸脱許可	deviation permit	3.6.12	逸脱許可	deviation permit
3.12.7	リリース	release	3.6.13	リリース	release
3.12.8	手直し	rework	3.6.7	手直し	rework
3.12.9	修理	repair	3.6.9	修理	repair
3.12.10	スクラップ	scrap	3.6.10	スクラップ	scrap
3.13.1	監査	audit	3.9.1	監査	audit
3.13.2	複合監査	combined audit			
3.13.3	合同監査	joint audit			
3.13.4	監査プログラム	audit programme	3.9.2	監査プログラム	audit programme
3.13.5	監査範囲	audit scope	3.9.13	監査範囲	audit scope
3.13.6	監査計画	audit plan	3.9.12	監査計画	audit plan
3.13.7	監査基準	audit criteria	3.9.3	監査基準	audit criteria
3.13.8	監査証拠	audit evidence	3.9.4	監査証拠	audit evidence
3.13.9	監査所見	audit findings	3.9.5	監査所見	audit findings
3.13.10	監査結論	audit conclusion	3.9.6	監査結論	audit conclusion

表 2.2 (続き)

	ISO 9000:2015			ISO 9000:2005	
項番	用語 (JIS)	用語 (ISO)	項番	用語 (JIS)	用語 (ISO)
3.13.11	監査依頼者	audit client	3.9.7	監査依頼者	audit client
3.13.12	被監査者	auditee	3.9.8	被監査者	auditee
3.13.13	案内役	guide			
3.13.14	監査チーム	audit team	3.9.10	監査チーム	audit team
3.13.15	監査員	auditor	3.9.9	監査員	auditor
3.13.16	技術専門家	technical expert	3.9.11	技術専門家	technical expert
3.13.17	オブザーバ	observer			

第3部

ISO 9001:2015
要求事項の解説

第3部では，JIS Q 9001:2015 の要求事項について，要求をする意図，要求の意味，例などを説明する．JIS Q 9001:2015 は要求事項を示した規格であり，これらの要求は，品質マネジメントシステムを事業目的の達成に役立てるという大きな意図から，それぞれの箇条構成に応じて導き出されている．一方，規格のそれぞれの箇条においては意図は記述せず要求事項だけを記述しているために，なぜこのような要求がされているか，あるいは，どのような意味かが不明確になりがちな個所もある．そこでこの第3部では，要求の意図，要求を記述した文章の意味，例などを説明し，それぞれの要求事項の理解を助ける．

ISO 9001:2015 を解説するに当たっては JIS Q 9001:2015 を引用するため，原則として，規格番号も JIS で表記し，その他の ISO 規格についても JIS がある場合には，JIS で表記する．また，JIS Q 9001:2015 を引用した枠内で，青字で表記される部分が,附属書SLによる共通テキスト及び共通用語である．

要求事項全体に埋め込まれた PDCA サイクルの構造

JIS Q 9001:2015 は,
(a) 組織が自律的に製品及びサービスを通じて顧客に価値を提供することで持続的成功を目指すための PDCA サイクル
(b) 製品及びサービスに関連する品質マネジメントシステム構築の PDCA サイクル
(c) 製品及びサービスを顧客に提供するための PDCA サイクル

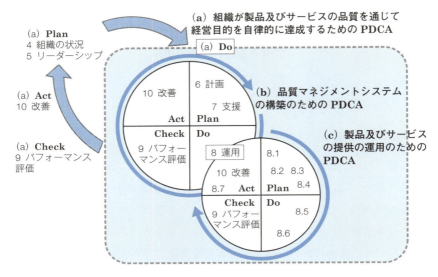

図 3.1 JIS Q 9001:2015 に埋め込まれた PDCA サイクルの構造

の三つを基に構成されている．この概要を図 3.1 に示す．この基本構造のうち，(a)，(b) のほとんどは附属書 SL の要求事項から，(c) は製品及びサービスの提供に関わるという品質マネジメントの固有の性質からきている．

これらのうち (a) は，組織が内部，外部の課題を把握し，利害関係者のニーズなどを考慮して，経営目的の達成のためにどのような製品及びサービスを提供し，顧客に価値をもたらすかという，持続的成功を目指して組織が進むべき方向を自律的に決める PDCA サイクルである．すなわち，組織が置かれている状況から顧客に提供すべき価値を自律的に定め，トップがリーダーシップを発揮し，組織が一丸となってその実現により持続的成功を目指すものである．JIS Q 9001:2008 に比べて，このように自律的に組織の姿を見つめ将来を考える要求が明示的に JIS Q 9001:2015 に組み込まれているのは，要求水準の向上とみなし得る．このうち (a) における Plan に箇条 4，5 が，(a) における Do に (b)，(c) の PDCA サイクル全体が対応する．さらに，箇条 9，10 が Check，Act である．

また，(b) は，(a) の組織の方針を反映しながら品質マネジメントシステム

を構築するPDCAサイクルであり，このサイクルは箇条6から箇条10により構成される．さらに(c)は，箇条8の製品及びサービス提供に関連する要求事項に基づくPDCAサイクルである．

JIS Q 9001:2008では，製品及びサービスの適合の実証は述べられているが，これらに関わるパフォーマンスは明示的ではなかった．JIS Q 9001:2015では，製品及びサービスの適合の実証のみならず，パフォーマンスに関する要求が(c)のサイクルの中で明示的に表現されている．

なお箇条9,10はパフォーマンス評価，改善に関する要求事項であり，これらは(a)，(b)，(c)の三つのPDCAサイクルにおけるCheck及びActに関する要求事項が規定されている．また，(b)，(c)のサイクルは年度単位，四半期，月次など比較的短期間であるのに対し，(a)のサイクルは3年から5年の中期，年次など比較的長期間になる．

4 組織の状況

――― JIS Q 9001:2015 ―――

4 組織の状況
4.1 組織及びその状況の理解

組織は，組織の目的及び戦略的な方向性に関連し，かつ，その品質マネジメントシステムの意図した結果を達成する組織の能力に影響を与える，外部及び内部の課題を明確にしなければならない．

組織は，これらの外部及び内部の課題に関する情報を監視し，レビューしなければならない．

　　　注記1　課題には，検討の対象となる，好ましい要因又は状態，及び好ましくない要因又は状態が含まれ得る．

　　　注記2　外部の状況の理解は，国際，国内，地方又は地域を問わず，法令，技術，競争，市場，文化，社会及び経済の環境から生じる課題を検討することによって容易になり得る．

> **注記3** 内部の状況の理解は，組織の価値観，文化，知識及びパフォーマンスに関する課題を検討することによって容易になり得る．

(1) "4 組織の状況"の意図

顧客満足を獲得し顧客に価値を提供するには，組織が置かれている状況，顧客を含めた利害関係者の要求を幅広く把握し，それらを基に，組織が社是，ビジョン，理念などを踏まえつつ自らの意志で，対象とする顧客，提供する製品及びサービスを明確にする必要がある．さらに製品及びサービスを管理する仕組みとしてのマネジメントシステムの境界を定めた上で，品質マネジメントシステムを構築する．これらに関連する要求が箇条4であり，具体的に品質マネジメントシステムを構築するための前提条件，品質マネジメントシステムの境界の明確化を箇条4.1から箇条4.3で要求している．また箇条4.4では，品質マネジメントシステム構築の段階別要求を規定している．

(2) "4.1 組織及びその状況の理解"の意図

品質マネジメントシステムは，組織の目的を実現するために，品質という立場から管理するための仕組みとして構築する必要がある．しかし，これが実施できておらず，構築そのものが目的になり形骸化している場合も意外に多い．JIS Q 9001:2015では，このような形骸化を防止するべく，組織の目的に合致する品質マネジメントシステムの構築においてまず考慮しなければならない事項として，箇条4.1で，組織の目的，戦略的な方向を踏まえた外部，内部の課題の明確化を要求している．ここでの外部の課題には，競合組織との製品及びサービスの比較に基づく克服すべき課題なども含まれる．また内部の課題には，組織が提供すべき，より高い水準の製品及びサービスを実際に提供にできるようにするための課題，将来的な課題などが含まれる．

(3) 組織の目的の意味

一般に組織の長期的な目的は，社是，ビジョンなど様々な名称で規定され，これは，その達成に向け目標に展開される．目標の展開は，長期的なもの，中

期的なもの，年次のものなど，対象とする期間に応じて規定されている．またその名称は様々である．中長期的なものは，例えば3年から5年程度の期間で中期経営計画，中期目標などの名前で規定されている．さらにそれらは，年度目標，年次計画などの名のもと，より短期間での目的，目標に展開される．四半期，月次の展開を経て，日々の操業に関する目標になる．この箇条での組織の目的及び戦略的な方向性の意味は，社是，ビジョン，中期経営計画，中期目標などの比較的中長期なものである．社是，ビジョンのように組織の目的を示したものは，納得し得るものであるが具現性に欠ける場合が多い．したがって，組織が進むべき方向としてより具体的に理解するためのものは，3年から5年程度を規定した中期経営計画，中期達成目標などを参照するとよい．

(4) "品質マネジメントシステムの意図した結果"の意味

品質マネジメントシステムの意図した結果とは，提供している製品及びサービスが顧客要求事項を満たし，関連する法令・規制要求事項を満たし，顧客満足を実現し続ける状況を指す．すなわち，よい結果が得られており，それが品質マネジメントシステムの適切な構築，運用によるという，結果とプロセスの両側面の因果が押さえられている状態を指す．この因果を押さえることにより，将来にわたるよい結果の継続が期待できる．

(5) 外部，内部の課題の意味，例

この箇条では，意図した結果を達成するための組織の能力に影響を与える，外部及び内部の課題の明確化を要求している．組織の能力とは，製品及びサービス提供に関する知識を含む経営資源やそれらを管理し活用する能力である．意図した結果を達成するための経営資源や，それらの管理能力に影響を与える外部，内部の課題を明確にすることが，有効な品質マネジメントシステム構築に際しての重要考慮事項となる．この箇条に含まれる外部，内部の課題とは，今日直面している具体的に解決すべき事項に限らず，3年から5年程度の中長期間に解決すべき課題を含んでいる．

例えば，大学は学生に知識という価値を提供し，その学生が社会に貢献し，社会全体が向上するという構造のもとに運営されている．大学の経営資源や知

識とは，教員などの人的資源，教育，研究設備や社会，産業への貢献体系などである．したがって外部の課題の例として，少子化，産業構造の変化，進学率の飽和，社会文化などの変化が挙げられる．一方，内部の課題として，教員組織の高齢化，団塊ジュニア世代に合わせた過度な校舎数，優秀な教育研究人材の獲得，維持などが挙げられる．

(6) 課題に関する情報の監視，レビューの意味

明確にした外部，内部の課題は，箇条6において考慮される．さらに品質マネジメントシステムの継続的な有効性を維持するために，これらの課題に関連する情報を監視し，レビューすることが要求されている．監視については，"9 パフォーマンス評価"の箇条9.1.1で要求されている．またレビューについては，"9.3 マネジメントレビュー"の箇条9.3.2 b)で要求されている．

JIS Q 9001:2015

4.2 利害関係者のニーズ及び期待の理解

次の事項は，顧客要求事項及び適用される法令・規制要求事項を満たした製品及びサービスを一貫して提供する組織の能力に影響又は潜在的影響を与えるため，組織は，これらを明確にしなければならない．

a) 品質マネジメントシステムに密接に関連する利害関係者

b) 品質マネジメントシステムに密接に関連するそれらの利害関係者の要求事項

組織は，これらの利害関係者及びその関連する要求事項に関する情報を監視し，レビューしなければならない．

---

(1) "4.2 利害関係者のニーズ及び期待の理解"の意図

品質マネジメントシステムの主目的は，製品及びサービスの価値を通した顧客満足の獲得であり，その実現には当然規制などを満たしている必要がある．その意味で，顧客や規制当局は，"密接に関連する利害関係者"となる．また，製品及びサービスの価値創造の過程で関連する，原材料や部品の供給者や

流通過程で関連する流通業者などの関係を考慮することにより，持続的な価値提供が可能となる．顧客のみを絶対的なものとしてしまうと，顧客の声が全て正しいという近視眼的な姿勢になり，社会的に受け入れられない製品及びサービスの提供になってしまう可能性もある．これから，利害関係者を明確にし，その利害関係者のニーズ及び期待を理解した上での品質マネジメントシステムの構築を目指している．この実現により，顧客だけを見るのではなく，顧客を含む利害関係者にとって有益な品質マネジメントシステムとなる．

(2) "密接に関連する利害関係者"の意味

この要求事項における"密接に関連する利害関係者"は，組織が提供する製品及びサービスに関連する供給側並びにその製品及びサービスを受ける需要側という両側に存在する．需要側には，顧客や関連する規制当局などが含まれる．また，品質マネジメントシステムを効果的に運用している組織は，密接に関連する利害関係者を広義に捉え，要求を把握している．例えばB2Bビジネスにおいて，顧客だけを見る場合と，B2B2Cのように顧客の先の消費者までを含めて見る場合を比較すると，後者のほうが真に顧客が要求している品質に近づくことができる．

(3) "一貫して提供する"の意味

要求事項の冒頭に，"顧客要求事項及び適用される法令・規制要求事項を満たした製品及びサービスを一貫して提供する"とあり，これは，品質マネジメントシステムの主目的が，顧客の要求の充足と法令・規制要求事項の順守である点を示している．一貫して提供するとは，顧客要求事項及び適用される法令・規制要求事項を満たした製品及びサービスを安定して継続的に実現し，提供することを示している．これを実現するために，価値創造及び価値提供の川上から川下までの全ての過程で関連する関係者のニーズ及び期待を理解するという要求をしている．利害関係者のニーズ及び期待の理解は，その全ての充足を目的としておらず，有効な品質マネジメントシステムの構築及び運営のために，それらを考慮することが要求事項になっている．

(4) 利害関係者及びその品質マネジメントシステムに関連する要求事項の例

例えば小規模の地ビール製造会社であれば，最終消費者が主たる顧客となる．また操業に直接的に関わる顧客以外の利害関係者としては，従業員，材料供給者，工場の近隣住民などが挙げられる．この利害関係者の期待やニーズの例として，雇用環境の確保，生産者と供給者の共存共栄，良好な環境の確保が挙げられる．また，法令，規制に関連して，地方自治体，税務署，保健所，労働基準局などがあり，これらの期待やニーズの例として，製造に関わる条例の順守，納税，衛生法の順守，従業員の安全，衛生の確保などが挙げられる．

この地ビール製造会社では，アルコール度数の表示からの乖離(かい)を一定レベル以下にする，当局へ生産量を報告するなど，酒類の製造に関わる規制の順守が必要になる．これは，利害関係者の品質マネジメントシステムに関連する要求事項の例となる．

(5) 利害関係者及びその要求事項に関連する情報の監視レビューの意味

明確にした利害関係者及びその関連する要求事項は箇条4.1で明確にした課題とともに，"6 計画"においての考慮事項となり品質マネジメントシステム構築の前提条件の一つとなる．そのため，利害関係者及びその関連する要求事項に関する情報を監視し，レビューすることが後の箇条で要求されている．監視については，"9 パフォーマンス評価"の箇条9.1.1で要求されている．またレビューについては，"9.3 マネジメントレビュー"の箇条9.3.2 c)で要求されている．例えば利害関係者の要求は箇条9.1.1に従って監視され，箇条9.3.2 c)の顧客満足，利害関係者からのフィードバックにおいてレビューされなければならない．

JIS Q 9001:2015

4.3 品質マネジメントシステムの適用範囲の決定

組織は，品質マネジメントシステムの適用範囲を定めるために，その境界及び適用可能性を決定しなければならない．

この適用範囲を決定するとき，組織は，次の事項を考慮しなければなら

ない．
a) 4.1に規定する外部及び内部の課題
b) 4.2に規定する，密接に関連する利害関係者の要求事項
c) 組織の製品及びサービス

　決定した品質マネジメントシステムの適用範囲内でこの規格の要求事項が適用可能ならば，組織は，これらを全て適用しなければならない．

　組織の品質マネジメントシステムの適用範囲は，文書化した情報として利用可能な状態にし，維持しなければならない．適用範囲では，対象となる製品及びサービスの種類を明確に記載し，組織が自らの品質マネジメントシステムの適用範囲への適用が不可能であることを決定したこの規格の要求事項全てについて，その正当性を示さなければならない．

　適用不可能なことを決定した要求事項が，組織の製品及びサービスの適合並びに顧客満足の向上を確実にする組織の能力又は責任に影響を及ぼさない場合に限り，この規格への適合を表明してよい．

(1) "4.3 品質マネジメントシステムの適用範囲の決定"の意図

　品質マネジメントシステムの境界は，顧客要求事項及び適用される法令・規制要求事項を満たした製品及びサービスを一貫して提供できるように，また内部，外部の課題，利害関係者の要求事項，管理対象とする製品及びサービスを考慮して決定する．具体的には，組織が提供する製品及びサービスを根幹に置きつつ，箇条4.1で競合の状況などの外部に起因する課題，能力ギャップなど組織が克服すべき内部の課題などを明確にする．そして，箇条4.2で製品及びサービスを提供する顧客や，規制当局を中心とした密接に関連する利害関係者の要求や期待を明確にする．これらを併せ，他組織では提供できない，顧客への価値を製品及びサービスを通して提供することを明確にする．このように提供すべき価値及びその価値を提供する媒体としての製品及びサービスが明確になると，これらに関わる品質の保証に必要な組織の機能，プロセスが必然的に決まり，これらをすべて含んだ領域が品質マネジメントシステムの適用範囲と

なる．

　要求事項の適用に関し，JIS Q 9001:2008 では適用除外になり得る要求事項の箇条があらかじめ決まっていた．JIS Q 9001:2015 では，そのように具体的な記述はなく，また，適用除外という表現は使われていない．この箇条4.3では本規格の要求事項のうち適用し得るものは全て適用することが要求されており，基本的な考え方は ISO 9001:2008 と同様，恣意的に適用しないという要求事項の選択を禁止している．

(2) "適用範囲" の意味

　ここでの適用範囲とは，品質マネジメントシステムの意図した結果を達成する並びに規制要求事項を満たした製品及びサービスを一貫して提供する，組織の能力に影響を与える領域を網羅し，かつ，組織の権限が及ぶ範囲である．これは，該当する製品及びサービス，プロセス，設備及び所在地などで規定される．なお，箇条1で記述されている適用範囲は，この規格の適用範囲であり，品質マネジメントシステムの適用範囲とは異なる．

(3) 規格の要求事項が適用できない例

　例えば，設計機能がなく製造機能だけを有している組織においては，箇条8にある設計・開発の要求事項は適用したくても適用できない．この場合には，設計・開発の要求事項を適用しなくても，製品及びサービスの顧客要求への適合に関する組織の能力には影響しない．このように，組織の権限の範囲を越え，かつ，現実に行っていない領域に関する要求事項が適用されない要求事項である．例えば建設業において，施工を請け負っている会社において，建築物の設計は顧客が実施し，施工方法を自社で決めている場合に，施工方法の決定が保証すべき品質に影響を与える場合には，この規格でいう設計・開発に該当する．

(4) "文書化した情報として利用可能" の意味

　品質マネジメントシステムの適用範囲は，箇条7.5で規定されている文書化した情報を考慮し，いつでも利用可能な状態として維持する．この利用可能な状態とは，関係者が欲しいときにすぐに手に入る状態を指す．ちなみに，文書

化した情報で表される適用範囲は，箇条7.5.1のa)に規定するこの規格で要求する文書に該当する．

適用範囲の文書化に当たり記載すべき事項として，対象とする製品及びサービスと，要求事項を適用しない場合の正当な理由が挙げられている．ここでの対象とする製品及びサービスには，該当する製品及びサービスそのものに加え，それらを実現する中間のプロセスを含めて規定しなければならない．

―― JIS Q 9001:2015 ――

4.4 品質マネジメントシステム及びそのプロセス

4.4.1 組織は，この規格の要求事項に従って，必要なプロセス及びそれらの相互作用を含む，品質マネジメントシステムを確立し，実施し，維持し，かつ，継続的に改善しなければならない．

組織は，品質マネジメントシステムに必要なプロセス及びそれらの組織全体にわたる適用を決定しなければならない．また，次の事項を実施しなければならない．

a) これらのプロセスに必要なインプット，及びこれらのプロセスから期待されるアウトプットを明確にする．
b) これらのプロセスの順序及び相互作用を明確にする．
c) これらのプロセスの効果的な運用及び管理を確実にするために必要な判断基準及び方法（監視，測定及び関連するパフォーマンス指標を含む．）を決定し，適用する．
d) これらのプロセスに必要な資源を明確にし，及びそれが利用できることを確実にする．
e) これらのプロセスに関する責任及び権限を割り当てる．
f) 6.1の要求事項に従って決定したとおりにリスク及び機会に取り組む．
g) これらのプロセスを評価し，これらのプロセスの意図した結果の達成を確実にするために必要な変更を実施する．
h) これらのプロセス及び品質マネジメントシステムを改善する．

> **4.4.2** 組織は，必要な程度まで，次の事項を行わなければならない．
> **a)** プロセスの運用を支援するための文書化した情報を維持する．
> **b)** プロセスが計画どおりに実施されたと確信するための文書化した情報を保持する．

(1) "4.4 品質マネジメントシステム及びそのプロセス 4.4.1" の意図

この箇条では，品質マネジメントシステムの確立，実施，維持，継続的改善を要求している．このうち，箇条4.4.1のa)からh)は主要な点を網羅し品質マネジメントシステムの骨格を規定しているのに対し，箇条5以降では製品及びサービスに適用する品質マネジメントシステムに関する具体的な要求が記述されている．すなわち，品質マネジメントシステムとして具備すべき骨格に関する要求事項が箇条4.4.1のa)からh)であるのに対し，具体的な進め方に関する要求事項が箇条5以降に記述されているともいえる．対象とする製品及びサービスやその保証に関連する組織の機能，プロセスからなる適用範囲が箇条4.3までで決まり，これが適用範囲となり，その詳細が箇条4.4.1で明確になる．

(2) 箇条5以降との関連

箇条4.4.1において明確化が要求されているa)からh)のうち，a)からc)は，インプット，アウトプット，順序，相互作用，評価指標などの組織のプロセスの明確化が要求されている．またd)の資源は箇条7の支援で要求されている経営資源に関する基礎的なものや，箇条8の運用に関するものが対応する．e)の責任，権限の割当ては箇条5に，f)のリスク及び機会への取組みは箇条6に，g)のプロセスの監視，評価は箇条8, 9に，そしてh)の改善が箇条10に対応する．

(3) "4.4 品質マネジメントシステム及びそのプロセス 4.4.2" の意図

箇条4.4.2では，品質マネジメントシステムに関連する文書化した情報に関する要求である．このうちa)は，JIS Q 9001:2015における品質マニュアルや手順の維持の要求に，またb)は記録類の保持に関する要求に対応する．

(4) "必要な程度"の"文書化した情報"の意味

一般に文書化をする際，どの程度文書化したらよいかが問題になる．この要求事項には，"プロセスの運用を支援する"のに"必要な程度"，"計画どおりに実施されたと確信するため"に"必要な程度"とある．基本原則は，品質の保証に必要かどうかである．文書化がどの程度必要かどうかは組織が判断する．品質マネジメントシステムの運用の結果が，文書化の程度の適切性を物語る．文書化には，情報交換のツール，知識の共有，及び存在，実施，内容等の証明の機能があり，これらを考慮した上で文書化の程度を決定するとよい．言い換えると，その文書化した情報がないとプロセスの運用が支援できない，計画どおりの実施が信頼できないというものを準備するとよい．

(5) "確立"，"実施"，"維持"，"継続的改善"の意味

確立，実施，維持，継続的改善は，この規格の中でシステムの構築に関連してたびたび要求される．確立（establish）とは，対象を運用できるような設計，準備であり，実施（implement）とは，先に決めたとおりに実際に運用することである．維持（maintain）とは，目的が継続的に達成し得るように処置をすることであり，継続的改善（continual improvement）とは状況に応じて必要な処置をとり，結果を継続的に向上させることを指す．これらがシステムの構築，運用に関する主要な要素である．

5　リーダーシップ

―― JIS Q 9001:2015 ――

5　リーダーシップ

5.1　リーダーシップ及びコミットメント

5.1.1　一般

トップマネジメントは，次に示す事項によって，品質マネジメントシステムに関するリーダーシップ及びコミットメントを実証しなければならない．

a) 品質マネジメントシステムの有効性に説明責任（accountability）を負う．
b) 品質マネジメントシステムに関する品質方針及び品質目標を確立し，それらが組織の状況及び戦略的な方向性と両立することを確実にする．
c) 組織の事業プロセスへの品質マネジメントシステム要求事項の統合を確実にする．
d) プロセスアプローチ及びリスクに基づく考え方の利用を促進する．
e) 品質マネジメントシステムに必要な資源が利用可能であることを確実にする．
f) 有効な品質マネジメント及び品質マネジメントシステム要求事項への適合の重要性を伝達する．
g) 品質マネジメントシステムがその意図した結果を達成することを確実にする．
h) 品質マネジメントシステムの有効性に寄与するよう人々を積極的に参加させ，指揮し，支援する．
i) 改善を促進する．
j) その他の関連する管理層がその責任の領域においてリーダーシップを実証するよう，管理層の役割を支援する．

　　注記　この規格で"事業"という場合，それは，組織が公的か私的か，営利か非営利かを問わず，組織の存在の目的の中核となる活動という広義の意味で解釈され得る．

（1）"5 リーダーシップ"の意図

　品質のみならず，全てのマネジメントシステムにおいて，トップマネジメントのリーダーシップは，その運用を効果的なものにするために必要不可欠である．トップのリーダーシップが欠けると，マネジメントシステムの有効性が失われ，マネジメントシステムの形骸化等の弊害が生じる．そのために箇条5

では，トップマネジメントのリーダーシップ，コミットメント，方針の決定，役割，責任権限の明確化を要求として掲げている．これらの要求は，マネジメントシステムの方向性を自律的に設定し，統一し，組織内の役割及び権限の整合をとり，組織全体でマネジメントシステムの目的達成に向け行動するための基盤として，附属書SLで掲げられているものである．品質固有の要求として組み込まれたものではなく，全てのマネジメントシステムにおいて重要な事項である．

(2) "品質マネジメントシステムに関するリーダーシップ及びコミットメント"の意図

箇条5.1.1では，トップマネジメントがリーダーシップ，コミットメントを発揮すべき事項として，方針，目標の設定，品質方針の理解，事業プロセスへの統合，人々の参画，継続的改善などa)からj)を要求している．ここでのリーダーシップとは，組織が進むべき方向や目的を明示し，組織の人々が積極的にその方向に沿って目的達成に参加する状況を作ることを指す．またコミットメントとは，一般に，責任を伴う約束，公約，確約，委託，委任，関与などを指し，責任を伴う約束，公約，確約という意味である．これらから箇条5.1.1では，品質マネジメントシステムが事業目的に照らし合わせて有益な方向に進むために，トップマネジメントがa)からj)について進むべき方向を示し，人々が参画する状況を作り，それを責任もって約束することを要求している．すなわち，トップマネジメントが，組織が好ましい状況に動くべく，状況を作り，それを責任をもって果たすことを要求している．

(3) "組織状況及び戦略的な方向性"の意味

組織の将来のあるべき姿を表したものが，組織のビジョン（vision）であり，これはトップマネジメントによって表明される．このビジョンを具現化するべく，組織の意図や方向として示したものが方針である．方針とは，"トップマネジメントによって正式に表明された組織の意図及び方向付け"（JIS Q 9000）であり，品質方針とは品質に関する方針を意味する．すなわち品質方針は，組織のビジョンに照らし合わせて作成され，組織の意図，進むべき方法

を明示している．品質方針をより具現化したものとして品質目標（objective）が設定される．目標とは，"達成すべき結果"（JIS Q 9000）であり，測定可能でなければならない．組織の戦略的方向性とは，これらのビジョン，品質方針及び品質目標を総括したものであり，組織が目指す一貫した方向性である．

(4) "事業プロセスへの品質マネジメントシステム要求事項の統合"の意味

この箇条では，事業目的の達成に寄与する形で品質マネジメントシステムの要求事項が適用され，品質マネジメントシステムが構築されるべきという意図を明示している．製品及びサービスを通し顧客へ価値を提供するための一連の活動に要求事項が反映されることにより，要求事項が顧客価値創造の過程で有効に機能し，組織の事業目的を達成することが重要で，顧客価値創造による適正利潤の追求からかけ離れた品質マネジメントシステムや，品質マネジメントシステムの構築そのものが目的になるという形骸化した運用を防止する狙いがある．

事業プロセスへの統合とは，設計プロセス，製品実現プロセスなど全てのプロセスにおいて，事業プロセスを記述したやり方，例えば，競争力のある製品を設計する，あるいは新たな製造技術を採用するなどの中に，この規格での要求事項がもれなく確実に含まれている状態を指す．また，この規格の要求事項を主体に考えるのではなく，事業プロセスを主体に考える．事業プロセスを記述した文書類から，品質マネジメントに関連したものを抜き出して集めたとすると，それが品質マネジメントシステムを規定した文書となり，ISO 9001:2008でいうところの品質マニュアルに相当する．

この規格の要求事項への適合を示すには，事業プロセスのやり方を規定している文書化した情報に，この規格の要求事項に関連する部分を提示するのがよい．規格の要求事項への適合を示すために，その目的だけのための文書化した情報を作成するのは，事業プロセスへ統合されている状態と対極にある．

(5) "説明責任"の意味

トップマネジメントがリーダーシップ及びコミットメントを実証すべき，品質マネジメントシステムの有効性に関する説明責任（accountability）には，

次の二つが含まれる．

① 品質マネジメントシステムの有効性に対してトップが最終的な責任を負っていることの説明
② 品質マネジメントシステムの意図したとおりの結果が，その適切な導入で得られていることの説明

上記の実証には，トップマネジメントが，品質マネジメントシステムを運用することで意図した結果が得られていることを，これを確認する方法とともにいつでも説明できることが求められる．

JIS Q 9001:2015

5.1.2 顧客重視

トップマネジメントは，次の事項を確実にすることによって，顧客重視に関するリーダーシップ及びコミットメントを実証しなければならない．

a) 顧客要求事項及び適用される法令・規制要求事項を明確にし，理解し，一貫してそれを満たしている．
b) 製品及びサービスの適合並びに顧客満足を向上させる能力に影響を与え得る，リスク及び機会を決定し，取り組んでいる．
c) 顧客満足向上の重視が維持されている．

（1）"5.1.2 顧客重視"の意図

"5.1 リーダーシップ及びコミットメント"の中で，"5.1.2 顧客重視"として独立した細分箇条が設けられているのは，品質マネジメントシステムの根幹が顧客重視にある表れである．すなわち，トップマネジメントがリーダーシップ，コミットメントを発揮すべき事項が多数ある中で，とりわけ顧客重視が別枠で要求されている．これは，顧客重視が持続的成功を達成している組織の共通原則だからである．顧客重視を構成する項目として，a)要求事項への適合，b)適合及び顧客満足を向上させる能力に影響するリスク及び機会への取組み，c)顧客満足重視の維持が明示されている．

(2) "製品及びサービスの適合並びに顧客満足を向上させる能力に影響を与え得る，リスク"の例

この箇条では，製品及びサービスの適合並びに顧客満足を向上させる能力に影響を与え得るリスクに対するトップマネジメントのリーダーシップ及びコミットメントを要求している．リスクは，JIS Q 9000で"不確かさの影響"と定義され，プラス及びマイナスの影響を含んでいる．品質マネジメントシステムで取り扱うべきリスクは，主にマイナス影響によるリスクである．例えば，ホテルにおけるフロントの対人サービスにおいて，特定の経験を有し，権限を与えられた人しか提供できないサービスの場合には，それらの人的資源が不測の事態により確保できない可能性がこのリスクの例となる．同様に，高級旅館における顧客の満足につながるおもてなしが，ある特定の人材に依存している場合にも，同種のリスクが存在する．このようなリスクを特定し，前もって対処することがリスクに対する取組みである予防処置となり，問題の発生を未然に防ぐことになる．なおリスクへの取組みは，箇条6.1で要求されている．

--- **JIS Q 9001:2015**

5.2 方針

5.2.1 品質方針の確立

トップマネジメントは，次の事項を満たす品質方針を確立し，実施し，維持しなければならない．

a) 組織の目的及び状況に対して適切であり，組織の戦略的な方向性を支援する．
b) 品質目標の設定のための枠組みを与える．
c) 適用される要求事項を満たすことへのコミットメントを含む．
d) 品質マネジメントシステムの継続的改善へのコミットメントを含む．

5.2.2 品質方針の伝達

品質方針は，次に示す事項を満たさなければならない．

> a) 文書化した情報として利用可能な状態にされ，維持される．
> b) 組織内に伝達され，理解され，適用される．
> c) 必要に応じて，密接に関連する利害関係者が入手可能である．

(1) "5.2 方針"の意図

　方針は，"トップマネジメントによって正式に表明された組織の意図及び方向付け"（ISO 9000）であり，組織全体で共有されなければならない．組織の目的に対して適切な品質方針とともに品質目標設定の枠組みを示し，要求事項の充足へのコミットメント，及び継続的改善へのコミットメントを含めることにより，品質マネジメントシステムの進むべき方向が明確になる．この箇条では，品質方針を組織の目的や状況を考慮して適切に設定するという，品質方針が組織として進むべき方向を示す適切な羅針盤として機能するために網羅すべき事項を規定している．

(2) "品質目標の設定のための枠組み"の意味，例

　品質目標とは，品質方針に沿って活動し，組織の目的達成のために必要な活動の達成目標を，部門やプロセスごとに展開したものである．言い換えると，達成すべき期間とともに示される，品質について達成すべき結果である．品質目標を，組織の目的に対して適切で，測定可能なものとすることによって，品質目標の達成度を定期的に評価し，分析し必要な処置をとることができ，品質マネジメントシステムの改善につながる．品質目標の設定のための枠組みとは，品質目標設定の場を設け，期ごとに品質目標を設定し，期末などに品質目標は達成できていたかどうかを評価する仕組みを指している．例えば，製造工程における期ごとの不適合品率の目標を，トップマネジメントが出席する製造品質会議等で設定する仕組みがこれに該当する．この品質目標は，期末に同じ製造品質会議で達成度がレビューされる．

(3) "組織内に伝達され，理解され，適用される"の意図

　品質方針は，品質活動における最上位の価値基準であり，これをもとに活動の方向が統一される．この価値基準は，組織内の全員が理解し，各々の権限と

責任範囲において確実に適用できなければならない．そのために，品質方針を文書化した情報にすること，組織内への伝達，理解，適用が要求されている．

JIS Q 9001:2015

5.3 組織の役割，責任及び権限

トップマネジメントは，関連する役割に対して，責任及び権限が割り当てられ，組織内に伝達され，理解されることを確実にしなければならない．

トップマネジメントは，次の事項に対して，責任及び権限を割り当てなければならない．

a) 品質マネジメントシステムが，この規格の要求事項に適合することを確実にする．
b) プロセスが，意図したアウトプットを生み出すことを確実にする．
c) 品質マネジメントシステムのパフォーマンス及び改善（**10.1** 参照）の機会を特にトップマネジメントに報告する．
d) 組織全体にわたって，顧客重視を促進することを確実にする．
e) 品質マネジメントシステムの変更を計画し，実施する場合には，品質マネジメントシステムを"完全に整っている状態"（integrity）に維持することを確実にする．

---

(1) "5.3 組織の役割，責任及び権限" の意図

組織は，誰が何をやるのかが明確でないと運営ができなくなるのは自明である．組織として必要な機能のそれぞれに対して責任者を割り当て，権限を委譲し，それを組織内に周知する．箇条5.3では，この責任の割当て，権限の委譲，及びそれらの周知を要求している．加えて，割り当てるべき品質マネジメントシステムに関する統括的な責任及び権限として，a)規格の要求事項への適合，b)アウトプットの安定化，c)パフォーマンスなどのトップマネジメントへの報告，d)顧客重視の促進，e)変更時の対応を挙げている．

5 リーダーシップ

(2) "責任及び権限を割り当て"の意味

本箇条で要求している a) から e) の責任及び権限の割当ては，JIS Q 9001: 2008 における管理責任者（Management Representative）に関する要求に対応している．箇条 5.3 における要求事項は，a) から e) について責任もって実行できる者を指名し，その実行のための権限を割り当てることを意味しており，トップマネジメントによる，品質マネジメントシステムに関する統括権限の移譲である．なお，個々のプロセスにおける要求事項の組込みは，個々のプロセスの責任者が確実に行う．例えば，設計の責任者が，設計の手順書の中に JIS Q 9001 の要求事項を確実に組み込む．この a) から e) の権限を委譲された責任者は，委譲された事項に関する統括責任を負う．

(3) "品質マネジメントシステムのパフォーマンス"の意味，例

品質マネジメントシステムの目指す姿は，製品及びサービスが顧客要求事項及び関連する法令・規制要求事項を満たし，顧客満足を実現し続ける状況である．品質マネジメントシステムのパフォーマンスは，この状況に関連する全ての品質マネジメントシステムのアウトプットの状態を指す．パフォーマンスには，製品及びサービスの要求事項への適合，製品及びサービスの適合に対する顧客の受け止め方である顧客満足度に加え，それらを実現するための仕組みに関連するものもある．前者の例として，最終的な適合品率やそれをプロセスへ展開したもの，後者の例として，品質マネジメントシステムの計画，レビュー，改善などの実施状況がある．

(4) "完全に整っている状態"（integrity）の意味

箇条 5.3 の中の"完全に整っている状態"（integrity）とは，品質マネジメントシステムを構成する要素が抜け落ちなく整備され，適切に稼働している状態を意味する．またこの箇条では，品質マネジメントシステムの変更をする場合には，構成する要素が抜け落ちなく整備され，その全てが適切に機能している状態に維持することが要求されている．

6 計画

JIS Q 9001:2015

6 計画

6.1 リスク及び機会への取組み

6.1.1 品質マネジメントシステムの計画を策定するとき，組織は，4.1 に規定する課題及び 4.2 に規定する要求事項を考慮し，次の事項のために取り組む必要があるリスク及び機会を決定しなければならない．

a) 品質マネジメントシステムが，その意図した結果を達成できるという確信を与える．

b) 望ましい影響を増大する．

c) 望ましくない影響を防止又は低減する．

d) 改善を達成する．

（1）"6 計画" の意図

マネジメントシステムの基本は，PDCA サイクルの適用である．計画を立てることで，マネジメントシステムの有効な活用の基盤が構築できる．附属書 SL の上位構造では，箇条 6，7 で計画に関する要求を規定しており，箇条 6.1 がリスク及び機会特定及びそれらへの取組み，箇条 6.2 が，品質目標の設定とその達成手段という，あるべき姿の設定と実現の筋道の明確化に関する要求である．ISO 9001:2015 では品質マネジメントシステム固有の要求として箇条 6.3 変更時の対応が追加されている．箇条 7 はリスク及び機会への取組みや，計画を実現するための支援に関する要求である．品質マネジメントシステムの計画に際し，取り組むべきリスク及び機会の特定とそれらへの対応を箇条 6.1 で規定し，リスク及び機会への対応を考慮した上で，品質目標の設定と目標と実現のための計画を箇条 6.2 で規定している．箇条 6.3 では，品質マネジメントシステムを変更する際の，変更の実施に関する計画及び実施方法について規定している．

(2) "6.1 リスク及び機会への取組み"の意図

組織の品質マネジメントシステムは,組織のビジネス活動を通し顧客満足を追求するためのシステムであり,その有効性は,該当する組織外部及び内部の状況に少なからず影響を受ける.その意味で,品質マネジメントシステムは単独で機能するものではなく,組織のビジネス環境と相互に影響しながら機能している.これから組織は,発生した問題,不具合に対してその原因を明確にし,それに対策をとることに加え,組織外部及び内部の状況などにより起こり得る問題,不具合を列挙し,それらに対策をあらかじめとり,問題,不具合の発生を未然に防止する必要がある.これにより,よりよい計画の立案を目指している.また,計画に基づき,課題に取り組むことにより,新たな改善の機会の明確が可能になる場合もある.

この"6.1 リスク及び機会への取組み"では,箇条4.1で明確にした組織内外の課題,及び箇条4.2で理解した利害関係者の要求事項の中から,品質マネジメントシステムで取り扱うべき事項を,その重要度に基づき決定することを要求している.決定した事項への対応に関しては,箇条6.2で品質マネジメントシステムへの統合を要求することで,ビジネスに関連する課題を含む,組織内外の課題及び利害関係者の要求事項を考慮した,組織が活動するビジネス環境に適した品質マネジメントシステムの構築を目指している.

なお,ここでのリスクへの取組みの狙いは,JIS Q 9001:2008における未然防止に類似した活動であり,箇条6.1.1のa)からd)で起こり得る問題,不具合の列挙を,箇条6.1.2では列挙した問題,不具合に対する取組みについての計画を要求している.この計画の実施に関しては,箇条8の要求事項として規定されている.

(3) "リスク及び機会"の意味

リスクは不確かさの影響と定義されていて,まだ起きていないが将来起きる可能性を述べており,一方,機会は既に明らかになっている事柄について,目的を達成するのに有利な状況,事態を述べている.リスクは,品質マネジメントシステムのあらゆる側面に潜在している.全てのシステム,プロセス及び機

能は，幾つかの前提条件の下に構築され，これらの前提条件には不確実さを含んでいるので，全てのシステム，プロセス及び機能にリスクがある．リスクに基づく考え方により，マイナスに作用するリスクが原因となるシステムの脆弱性を排除することで，安定したシステム構築が可能となる．リスクに基づく考え方とは，マイナスに作用する不確かさを含んだ要因及びその影響に関し，品質マネジメントシステムの設計及び利用全体を通して，特定し，考慮し，管理することを確実にするものである．JIS Q 9001:2008 では，予防処置は潜在する不適合の原因を取り除くための独立した箇条であった．リスクに基づく考え方をとることによって，潜在する不適合の原因の早期の特定及び取組みが可能となり，望ましくない影響を予防又は削減する上で，不適合の発生を機に対応する受け身ではなく，先取りができるようになる．

リスクという用語は，負の影響に限定されず正の影響も含んでいるが，品質マネジメントシステムでは，主に負の影響に重点を置いてリスクを取り扱っている．例えば，製品品質の水準が計画値よりもよい，生産性が計画値よりも高いというのは，数値だけを見るとよいが，プロセスを正確につかめていないというより広い視点の意味では好ましくない．このように，品質マネジメントシステムにおける不確かさのプラスの影響は，計画時点における前提条件の分析不足と捉えられ大局的には負の側面となる．これは，システムの脆弱性の排除という改善につながる．そこで，ここでのリスクを負の面，すなわち品質に関連する不具合，システムの脆弱性問題を起こし得る不確実な要因及びその影響に絞り，リスクへの対応を考えるとよい．

一方，機会とは，目的を達成するのによい状況，時期である．例えば，規制緩和による市場の拡大，設備更新など，取り組めば目的達成に近づく状況，時期を意味する．

(4) "リスク及び機会を決定"（箇条 6.1.1 の意図）

組織の品質マネジメントシステムは，組織のビジネス環境に大きく影響される．特にその確実な結果に影響する不確定要因は，日々刻々変化する組織の状況及び顧客を含む利害関係者との関係に多く内在する．そのために，リスク及

び機会の決定に際し，着眼点を2種類与えている．すなわち，箇条6.1.1では起こり得る不具合や機会の列挙をする際，考慮すべき点として

箇条4.1で明確にした組織の状況

箇条4.2で明確にした利害関係者

を挙げている．また

a) 品質マネジメントシステムによる意図した結果の達成の確信

b) 望ましい影響を増大

c) 望ましくない影響を防止又は低減

d) 改善の達成

に関するリスク及び機会の列挙を要求している．これらを活用すると，漫然とリスク及び機会を列挙するのではなく，ビジネス環境に応じた着眼点からのリスク及び機会の列挙が可能となる．具体的な列挙は，組織の性質に依存する．言い換えると，不確実さを取り除くために，どのように効果的にリスク及び機会を列挙するかが，組織としての能力の発揮しどころである．

(5) **機械部品製造における例**

機械部品製造における箇条6.1.1の"a)品質マネジメントシステムが，その意図した結果を達成できるという確信を与える"に関するリスクとしては，標準の不徹底による不適合品の製造が例として挙げられる．これは，作業方法，設備，原料，作業者に関する標準の不十分さによるものなどがある．また，"c)望ましくない影響を防止又は低減"に関するリスクとしては，製造してしまった不適合品の流出が挙げられる．これは，測定機器，検査機器などの不具合，取扱いに関するうっかりミス，人の作業の不確実性などによるリスクである．

JIS Q 9001:2015

6.1.2 組織は，次の事項を計画しなければならない．

a) 上記によって決定したリスク及び機会への取組み

b) 次の事項を行う方法

   1) その取組みの品質マネジメントシステムプロセスへの統合及び実

施（**4.4** 参照）
2) その取組みの有効性の評価

　リスク及び機会への取組みは，製品及びサービスの適合への潜在的な影響と見合ったものでなければならない．

> **注記1**　リスクへの取組みの選択肢には，リスクを回避すること，ある機会を追求するためにそのリスクを取ること，リスク源を除去すること，起こりやすさ若しくは結果を変えること，リスクを共有すること，又は情報に基づいた意思決定によってリスクを保有することが含まれ得る．
>
> **注記2**　機会は，新たな慣行の採用，新製品の発売，新市場の開拓，新たな顧客への取組み，パートナーシップの構築，新たな技術の使用，及び組織のニーズ又は顧客のニーズに取り組むためのその他の望ましくかつ実行可能な可能性につながり得る．

(1) 取り組むべきリスク及び機会に対する計画（箇条 **6.1.2** の意図）

　一般に，発生している品質の問題，不具合は，事前にその発生がわかっていれば容易に対策がとれるものが多い．例えば市場でのリコール問題の原因は，事前にわかっていれば設計時などに対策が十分にとれる．一方で，起こり得る不具合は無数にあるので，全てに対策をとるのは現実的に不可能である．よって，あらかじめ発生する可能性が高い問題，影響が大きい不具合を絞り込み，その絞り込んだものに対して対策をとるという要求がされている．その際，対策の絞り込みは，対策のやりやすさなどではなく，品質を保証するという点から，製品及びサービスの適合への潜在的影響を考慮する必要がある．

(2) "適合への潜在的な影響と見合ったもの"の意味

　"製品及びサービスの適合への潜在的な影響"の大きさに応じた取組みが要求されている．潜在的な影響が大きいと思われるものには徹底的に取組み，一方軽微と思われるものには状況に応じた取組みが適切としている．要求されて

いるのは，潜在的な影響の大きさに応じた取組みであり，JIS Q 31000 に要求されているような，残留リスクの管理を含むリスクマネジメントの仕組みではない．故障モード影響解析（Failure Mode and Effect Analysis：FMEA）のように，可能性のある問題，不具合を，モードを用いて体系的に網羅性をもたせて列挙し，発生頻度，検出可能性，影響の致命度などから重み付けをし，対策をとるという整った手続きは明示的に要求されていないものの，何らかの方法で事前に発生する可能性がある問題を想定し，重要度に応じて処置するという取組みが要求されている．

(3) "品質マネジメントシステムプロセスへの統合" の意味，例

品質マネジメントシステムプロセスとは，箇条 4.4 で明確にした個々のプロセス，あるいは，それらの集合を指す．これらにリスク及び機会への取組みを統合することで，機会を活かし不確実さという脆弱性を排除した品質マネジメントシステムとなる．例えば，製造プロセスにおける予見できない不確定要素の影響を早期発見するために監視ポイントを増やし対応しやすくする，供給者の能力に排除できない不確定さが残っているのでインプットの基準を厳格にするなどが品質マネジメントシステムプロセスへの統合として挙げられる．また機会への取組みの例として，製品不具合の多くが特定の部品不具合で占められていることがわかっているので，その部品供給先と連携し部品不具合を減らすことが挙げられる．

―― JIS Q 9001:2015 ――

6.2　品質目標及びそれを達成するための計画策定

6.2.1　組織は，品質マネジメントシステムに必要な，関連する機能，階層及びプロセスにおいて，品質目標を確立しなければならない．

品質目標は，次の事項を満たさなければならない．

a) 品質方針と整合している．

b) 測定可能である．

c) 適用される要求事項を考慮に入れる．

d) 製品及びサービスの適合，並びに顧客満足の向上に関連している．
e) 監視する．
f) 伝達する．
g) 必要に応じて，更新する．

組織は，品質目標に関する文書化した情報を維持しなければならない．

6.2.2 組織は，品質目標をどのように達成するかについて計画するとき，次の事項を決定しなければならない．
a) 実施事項
b) 必要な資源
c) 責任者
d) 実施事項の完了時期
e) 結果の評価方法

(1) "6.2 品質目標及びそれを達成するための計画策定"の意図

品質方針は，組織全体で共有し重視すべき価値基準を示している．この価値基準を基盤として，それぞれの部門や階層で，組織の目的達成に向けどのように行動したらよいかを明確にするため，品質目標の設定及びその達成計画の策定を要求している．この箇条 6.2.1 では，品質目標の設定に関し，品質目標が具備すべき内容を a), b), c), d)，設定した品質目標に対し行うべき事項を e), f), g) に規定している．加えて，箇条 6.2.2 では，達成計画で決定すべき事項を a) から e) として規定している．

(2) "品質方針と整合している"の意味

組織全体で共有し重視すべき価値基準を示したものが品質方針で，組織の目的を達成するために，それぞれの部門や階層で設定する活動の達成目標が品質目標である．当然のことであるが，組織の目的達成に向けた活動は，品質方針に示された価値基準にのっとったものでなければならない．一つの価値基準にのっとることにより，組織全体の活動の整合性が確保できる．

(3) "測定可能である"の意味

測定可能とは，必ずしも数値的に計測が可能でなければならないといっているのではない．品質目標の達成に関する判定が可能であれば，測定可能といえる．箇条 6.2.1 の e)の要求事項に基づき，品質目標はその達成度を監視し，必要に応じて更新しなければならない．ここでの監視は，品質目標が測定可能であることにより成立する．

(4) 品質目標実現の計画が具備すべき条件（箇条 6.2.2 の意図）

品質目標実現に向け，a)何を実施するか，b)必要な資源，c)責任者の明確化，d)達成すべき期限，e)結果の評価方法は，どのような製品及びサービス，業態であっても欠かすことができない必須の事項である．この重要性から，a)から e)が要求されている．

(5) 品質目標実現の計画の例

例えば品質目標として製品及びサービスの不具合10％削減を掲げたときに，必要な経営資源を明確にした上でそれらを確保し，各々の施策の実施の順序及び実施時期を決める．加えて，全ての施策を相互の関連を考慮しながら有効に機能するように実施するため，各施策の実施及び全体調整について，誰が行うか，結果の判定をどうするかを決めておく必要がある．箇条 6.2.2 ではこれらの事項を具体的に決定するよう要求している．すなわち，品質目標達成のための具体的筋道を決定するという要求であり，JIS Q 9001:2008 には明示的に含まれていない．

JIS Q 9001:2015

6.3 変更の計画

組織が品質マネジメントシステムの変更の必要性を決定したとき，その変更は，計画的な方法で行わなければならない（**4.4** 参照）．

組織は，次の事項を考慮しなければならない．

a) 変更の目的，及びそれによって起こり得る結果
b) 品質マネジメントシステムの"完全に整っている状態"（integrity）

c) 資源の利用可能性
d) 責任及び権限の割当て又は再割当て

(1) "6.3 変更の計画"の意図

どんなに丹念に計画し，構築をしたとしても，何らかの理由により品質マネジメントシステムを変更せざるを得ない状況に直面する場合がほとんどである．そのような場合には，変更の目的，変更によって引き起こされる現象などを明確にして，変更に取り組む必要がある．変更に対する計画の着眼点がa)からd)として要求されている．この中で，a)目的，起こり得る結果に加え，b)完全性（integrity），c)資源の利用可能性，d)責任及び権限の割当てが要求されている．

これらは，品質マネジメントシステムが一貫して有効であることを確保するための要求，すなわち変更により品質マネジメントシステムが，一時的あるいは部分的にであってもその有効性を失うことを防ぐための要求である．

(2) "品質マネジメントシステムの変更の必要性"の意味

品質マネジメントシステムの変更の必要性は，様々な理由により発生する．例えば，箇条4で規定しているような組織を取り巻く，技術革新なども含めた状況の変化，利害関係者の要求の変化など，ビジネス環境の変化により，取り組むべき課題の変化に伴い品質マネジメントシステムの変更が必要となる場合もある．さらに，箇条7で規定されているインフラストラクチャなどの基盤の変化，箇条8の運用プロセス変化など様々な理由により，品質マネジメントシステムの変更の必要性が生じる可能性がある．多くの場合，箇条9で規定されているレビューを適切に実施すると，箇条10で改善すべき課題が明確になり，品質マネジメントシステムの変更につながる．

7　支　援

JIS Q 9001:2015

7　支援

7.1　資源

7.1.1　一般

組織は，品質マネジメントシステムの確立，実施，維持及び継続的改善に必要な資源を明確にし，提供しなければならない．

組織は，次の事項を考慮しなければならない．

a)　既存の内部資源の実現能力及び制約
b)　外部提供者から取得する必要があるもの

---

(1)　"7 支援"の意図

品質マネジメントシステムのみならず，全てのマネジメントシステムを効果的に運用するためには，運用のための基盤の整備が必要不可欠である．附属書SLで規定されている箇条7は，経営の資源（7.1），人々の力量（7.2），認識（7.3），組織内のコミュニケーション（7.4），文書化した情報（7.5）を必要不可欠な運用のための基盤として要求事項として掲げていて，品質マネジメントシステムにおいても同様に，これらが主な要求事項になっている．これらの一つでも欠けると，顧客要求への適合や顧客満足の維持，向上に悪影響を及ぼす可能性がある．

(2)　"7.1 資源"の意図

箇条7.1では品質マネジメントシステムの構築，運用，管理に必要な資源を規定している．必要な資源の獲得には，組織内部の資源及び外部提供者からの取得を考慮する．必要な資源には，知識・力量を備えた人的資源，インフラストラクチャ，プロセスの運用の環境，監視測定のための資源，組織的な知識などがあるが，これらに限定はされない．詳細な要求は，細分箇条に規定されている．一般に経営資源として，人，モノ，カネ，情報が挙げられるが，この中

でカネに対応する財務などの要素については，品質マネジメントシステムの資源として規定していない．

(3) "既存の内部資源の実現能力及び制約"の意味，例

品質マネジメントシステムの確立，実施，維持及び継続的改善に必要とされた経営資源について，内部資源の活用を図る場合，その資源の利用に関する制約，及び制約の下で実現できる資源の能力を考慮しなければならない．組織内部に資源が存在しない場合や，内部資源の能力では必要を満たせない場合には，全てを組織自らが準備，手配，確保する必要はなく，例えば人的資源を外部から確保するなど，組織の能力に鑑み外部提供者から取得してもよい．このように外部からの資源の提供を受ける場合にも，運用においては適切に管理する必要があり，詳細は箇条8で要求されている．

JIS Q 9001:2015

7.1.2 人々

組織は，品質マネジメントシステムの効果的な実施，並びにそのプロセスの運用及び管理のために必要な人々を明確にし，提供しなければならない．

---

(1) "7.1.2 人々"の意図

品質マネジメントシステムを実質的に運用するのは人であり，品質マネジメントシステムを有効に運営するためには，品質マネジメントシステムを構成する全てのプロセスで，必要な力量を備えた人を必要な数だけ資源として確保することが不可欠である．この箇条7.1.2の要求は，箇条7.2と組み合わせて考えると理解しやすい．箇条7.1.2では，主として必要な人数を資源として確保するという要求で，それぞれの人がもつべき力量が箇条7.2で規定されている．力量を備えた人とは，教育・訓練及び経験を通し獲得した知識，技能及びノウハウなどを適切に適用し，業務を実践できると実証された人である．これらの力量を備えた人々が，製品及びサービスの実現を含む品質マネジメントシ

ステム全般に，適切な人数分配置され，その力量を発揮することで，品質マネジメントシステムが有効に機能する．

(2) "品質マネジメントシステムの効果的な実施，並びにそのプロセスの運用のために必要な人々"の意味，例

この箇条は，品質マネジメントシステムやプロセスの運用に必要な要員を確保し，配置することを要求している．その対象は，"組織が顧客要求事項及び適用される法令・規制要求事項を一貫して満たすことができることを確実にする"ことに関連する人的資源である．これには，製造やサービス提供のほか，製品及びサービスの企画，受注，設計・開発，購買，検査，物流，付帯サービスの活動など，製品及びサービスの品質に直接影響する活動に携わる者，さらに，生産計画，設備管理・校正，文書管理，人材育成の活動などに携わる者も含まれる．

(3) 人々の提供の意味

品質マネジメントシステムの有効な運営に必要な人々を確保し，プロセスに必要な力量を備えた人を該当するプロセスに配置することを意味している．人々を確保し，適切に配置するには，以下を含む手順を定め計画的に進めることにより，品質マネジメントシステムの継続的な有効運営が可能となる．

① 品質マネジメントシステムを構成するプロセス及び各プロセスの活動目的を明確にする．

② 明確にしたプロセスの活動目的を達成するのに必要な，知識，技能，ノウハウを明確にする．

③ 個人の経験及び試験などにより，該当する個人の知識，技能，ノウハウを評価する．評価結果が不適合の場合，教育・訓練などで知識，技能，ノウハウを身に付けさせる．

④ 該当するプロセスで身に付けた知識，技能，ノウハウを適切に適用できるかを実地あるいはそれに相当する方法で評価する．

⑤ 該当するプロセスに配置し，継続的な監視を行う．

7.1.3 インフラストラクチャ

組織は，プロセスの運用に必要なインフラストラクチャ，並びに製品及びサービスの適合を達成するために必要なインフラストラクチャを明確にし，提供し，維持しなければならない．

　注記　インフラストラクチャには，次の事項が含まれ得る．
a) 建物及び関連するユーティリティ
b) 設備．これはハードウェア及びソフトウェアを含む．
c) 輸送のための資源
d) 情報通信技術

(1) "7.1.3 インフラストラクチャ"の意図

基盤となるインフラストラクチャ抜きに品質マネジメントシステムは運営できない．製品及びサービスの提供に欠かせないインフラストラクチャを明確にし，稼働可能な状態として準備し，その状態を維持することで品質マネジメントシステム運営の基盤の一つが確保される．

(2) "製品及びサービスの適合を達成するためのプロセス"の意味

製品及びサービスの実現，提供に関連するプロセスを意味しており，これらのプロセスで使用される建物，設備，情報機器及び通信機器など，並びにそれらを稼働するのに必要なエネルギー源等が運用に関するインフラストラクチャである．

(3) インフラストラクチャの例

必要とされるインフラストラクチャは，組織の事業内容，提供によって異なる．一般的には，注記にある a)建物，b)設備，c)輸送の資源，d)情報通信機器などが挙げられる．

> **7.1.4 プロセスの運用に関する環境**
>
> 組織は,プロセスの運用に必要な環境,並びに製品及びサービスの適合を達成するために必要な環境を明確にし,提供し,維持しなければならない.
>
> > 注記　適切な環境は,次のような人的及び物理的要因の組合せであり得る.
> >
> > a) 社会的要因(例えば,非差別的,平穏,非対立的)
> >
> > b) 心理的要因(例えば,ストレス軽減,燃え尽き症候群防止,心のケア)
> >
> > c) 物理的要因(例えば,気温,熱,湿度,光,気流,衛生状態,騒音)
> >
> > これらの要因は,提供する製品及びサービスによって,大いに異なり得る.

(1) "7.1.4 プロセスの運用に関する環境" の意図

プロセスが適切な環境に整備されていないと,プロセスの適切な運用ができず,また,製品及びサービスの適合が保証できなくなる.この箇条では,プロセスの適切な運用のために必要になる環境を明確にし,提供し,維持することを要求している.ここでのプロセスの運用に関する環境とは,注記にあるとおり様々なものが対象となり得る.これらは,プロセスの適切な運用に関する必要性から検討するとよい.なお,この要求事項は,JIS Q 9001:2008 の "6.4 作業環境" の要求事項に対応する.

(2) "プロセスの運用に必要な環境" の意味

プロセスで活動する人々及びプロセスで使用される機器や設備を取り巻く環境要因で,該当するプロセスの活動やアウトプットに影響を及ぼすものを意味する.例えば,インフラストラクチャである建物は,プロセスが必要とする物理的空間を確保する.確保した空間の温度や湿度,あるいは空間内で働く人々に与える心理的な影響の総体が環境であり,これらについて分析し,製品及び

サービスの実現，提供に最適な状態に維持管理する必要がある．

（3） 注記のa)が社会的，b)が心理的，c)が物理的な要因を指している．また，これらの組合せにおいて，問題が生じることを念頭に置くとよい．例えば，物理的に制限のあるところで，心理的なストレスを考えると取扱いを失敗するなどである．それに対して対策をとる，すなわち，適切な運用環境の整備をすると，製品及びサービスの要求事項への確実な適合や箇条 8.5.1 で規定されているヒューマンエラーの削減が期待できる．

―― JIS Q 9001:2015 ――

7.1.5 監視及び測定のための資源
7.1.5.1 一般

要求事項に対する製品及びサービスの適合を検証するために監視又は測定を用いる場合，組織は，結果が妥当で信頼できるものであることを確実にするために必要な資源を明確にし，提供しなければならない．

組織は，用意した資源が次の事項を満たすことを確実にしなければならない．

a) 実施する特定の種類の監視及び測定活動に対して適切である．
b) その目的に継続して合致することを確実にするために維持されている．

組織は，監視及び測定のための資源が目的と合致している証拠として，適切な文書化した情報を保持しなければならない．

7.1.5.2 測定のトレーサビリティ

測定のトレーサビリティが要求事項となっている場合，又は組織がそれを測定結果の妥当性に信頼を与えるための不可欠な要素とみなす場合には，測定機器は，次の事項を満たさなければならない．

a) 定められた間隔で又は使用前に，国際計量標準又は国家計量標準に対してトレーサブルである計量標準に照らして校正若しくは検証，又は

> それらの両方を行う．そのような標準が存在しない場合には，校正又は検証に用いたよりどころを，文書化した情報として保持する．
> **b)** それらの状態を明確にするために識別を行う．
> **c)** 校正の状態及びそれ以降の測定結果が無効になってしまうような調整，損傷又は劣化から保護する．
>
> 測定機器が意図した目的に適していないことが判明した場合，組織は，それまでに測定した結果の妥当性を損なうものであるか否かを明確にし，必要に応じて，適切な処置をとらなければならない．

(1) "7.1.5 監視及び測定のための資源"の意図

組織が要求事項に適合している製品及びサービスを顧客に提供していることを立証するには，結果を生み出すプロセスが適切であることを示す，あるいは，結果そのものを調べてそれが要求事項を満たしていることを示す，という2通りがある．後者に基づき製品及びサービスを監視，測定するためには，監視，測定に必要な機器を含む資源を確保する必要がある．箇条7.1.5.1では，資源のa)監視目的に対する適切性，b)合目的性の継続，文書化した情報の保持を要求している．測定の場合には，数値を定めるという性質上，箇条7.1.5.2において，確定値の信頼性の要求事項として，a)測定機器に対するトレーサビリティの確保，b)校正の状態の識別，c)校正の実施などを要求している．

(2) "監視及び測定"の意味

監視（monitor）とは，システム，プロセス，製品及びサービスなどの状態を確定することである．例えば，決められたとおりにサービスが提供されているかどうかを目視で確認するなども監視に含まれる．一方，測定（measure）とは，対象についての数値を決定することである．例えば，あるサービスの提供が完了するまでの時間を測ることは，測定の例となる．これからわかるように，測定のほうが監視よりも数値という意味での精度が要求され，機器を用いることが多いが，監視には様々な方法があり得る．

(3) "資源が目的と合致している証拠"の意味

監視及び測定の資源がその目的に合致していることとは，a)実施する特定の種類の監視及び測定活動に対して適切であることの証拠，b)その目的に継続して合致することを確実にするために維持されることの証拠を意味している．監視，測定の資源には，監視，測定に使用される機器，監視，測定の手順及び監視，測定を行う人々が含まれる．人々を含むこれらの資源が，該当する監視，測定の目的を達成できる能力を常に備えている必要がある．したがって，ここでの合致の証拠には，監視，測定の方法の妥当性，監視，測定を行う人々の力量，監視，測定に使用される機器の精度などを含む能力に関する事項が含まれる．

(4) "測定のトレーサビリティ"の意味

測定した数値が要求事項に適合しているとして提示しても，その測定の妥当性が確保されない限りは要求事項に適合していることにならない．測定値の信頼性の根拠の一つとして，測定器の国際計量標準又は国家計量標準に対するトレーサビリティを要求している．国際計量標準や国家計量標準などに対するトレーサビリティは，定期的な校正，検証などにより確立される．例えばガソリンスタンドのメータゲージ，タクシーのメータなどは，国家標準や関連する標準とのトレーサビリティが確保されているので，結果が信頼できる．

―― JIS Q 9001:2015 ――

7.1.6 組織の知識

組織は，プロセスの運用に必要な知識，並びに製品及びサービスの適合を達成するために必要な知識を明確にしなければならない．

この知識を維持し，必要な範囲で利用できる状態にしなければならない．

変化するニーズ及び傾向に取り組む場合，組織は，現在の知識を考慮し，必要な追加の知識及び要求される更新情報を得る方法又はそれらにアクセスする方法を決定しなければならない．

注記1　組織の知識は，組織に固有な知識であり，それは一般的に経

験によって得られる．それは，組織の目標を達成するために使用し，共有する情報である．
注記 2 組織の知識は，次の事項に基づいたものであり得る．
- **a)** 内部の知識源（例えば，知的財産，経験から得た知識，成功プロジェクト及び失敗から学んだ教訓，文書化していない知識及び経験の取得及び共有，プロセス，製品及びサービスにおける改善の結果）
- **b)** 外部の知識源（例えば，標準，学界，会議，顧客又は外部の提供者からの知識収集）

（1） "7.1.6 組織の知識" の意図

　プロセスの適切な運用や，製品及びサービスの適合には，人々が経験を通し獲得した知識が組織全体で利用できる形にまとめられ，それが組織全体で共有される必要がある．この組織全体で利用できる形にまとめられた知識が，この箇条で組織的な知識と呼ばれるものであり，通常は固有技術とも呼ばれる．組織的な知識は，組織全体で共有できるように維持管理することが重要であり，かつ，必要となる組織の知識を新たに認識した場合，その源を組織の内部資源に限らず，外部に求めることも重要である．

　例えば，ある作業において，特定の個人のみがよい製品を作る知識を保有しているのでは，その個人以外ではよい製品が作れなくなる．このような場合には，この特定の個人が保有している経験と知識を適用し，その人が行っている作業のやり方をもとにした作業標準を作成し，他の人に一定の教育，訓練を行うことで誰でもよい製品が作れるようにする．この例では，組織内部を源とする，個人が所有する製品作りの知識が，作業標準として組織的な知識に集約されている．また，発生した問題を組織の知識として共有しなければ，問題の再発防止につながらない．このような場合には，発生した問題やその原因を組織の知識として集約し，対策を考える．

(2) "変化するニーズ及び傾向に取り組む場合"の意味

ここでの"変化するニーズ及び傾向"とは，顧客，利害関係者のニーズの変化や，市場などで起きている変化の傾向を指し，"取り組む場合（when addressing）"とは，これらの変化及び傾向を受け入れ，組織の今までのやり方を変更する場合を指す．変化するニーズ及び傾向に取り組む場合には，現在所有する知識の足りない部分を埋める新たな知識が必要になる．この新たな知識の源をどこに求め，どのような方法で組織全体において共有できる組織的な知識とするかを決めることが重要となる．

(3) "プロセスの運用に必要な知識，並びに製品及びサービスの適合を達成するために必要な知識"の例

プロセスの運用に必要な知識の例として，結果を好ましくするプロセスの条件があり，これは作業標準に蓄積されている．また製品及びサービスの適合を達成するために必要な知識の例として，製品特性を望ましい値にするための技術標準，サービス提供の成功事例集などが挙げられる．

(4) "得る方法又はそれらにアクセスする方法"の意味，例

例えば，顧客のニーズの変化に対応するために，新たな製品及びサービスの新規開発が必要になる場合がある．このような場合に必要となる新たな組織的な知識は，過去に行った他製品及びサービスの開発を通して蓄積した内部の知識から習得する，あるいは，外部との技術提携などにより取得することになる．ここでは，知識の源を特定する方法，及びそれらを組織の知識にまとめる方法を決定することが要求されている．

JIS Q 9001:2015

7.2 力量

組織は，次の事項を行わなければならない．

a) 品質マネジメントシステムのパフォーマンス及び有効性に影響を与える業務をその管理下で行う人（又は人々）に必要な力量を明確にする．

b) 適切な教育,訓練又は経験に基づいて,それらの人々が力量を備えていることを確実にする.
c) 該当する場合には,必ず,必要な力量を身に付けるための処置をとり,とった処置の有効性を評価する.
d) 力量の証拠として,適切な文書化した情報を保持する.
　　注記　適用される処置には,例えば,現在雇用している人々に対する,教育訓練の提供,指導の実施,配置転換の実施などがあり,また,力量を備えた人々の雇用,そうした人々との契約締結などもあり得る.

(1) "7.2 力量"の意図

力量とは,意図した結果を達成するために,知識及び技能を適用する能力である.この箇条では,組織が個人の力量を確保するために行うべき事項を規定している.人々の力量は,職務遂行上要求される力量とその人がもっている力量の差異分析を行い,差異が認められた場合には,その差異を埋めるための教育,訓練などを実施することに加え,新たな人々の雇用により確保できる.これを行うための手順がa), b), c), d)として規定されている.加えて,個人の経験,資格及び能力を,現在と将来の活動のために組織が必要とする力量と定期的に比較,評価し,対策をとることにより,長期的な視点で人を有効に活用することが可能になる.

(2) "7.1.2 人々"との関係

箇条7.1.2では,人々を運営に必要な資源として提供することを要求しているのに対し,この箇条では人々に力量をもつようにするための要求をしている.これらの要求事項は対にすると考えやすい.組織としては,力量をもつ人を必要とされる数だけ確保する必要がある.そのために,箇条7.1.2が数的な側面を,箇条7.2がそれぞれの人々がもつべき力量という質的な側面を要求している.言い換えると,箇条7.1.2で必要な経営資源として確保した人々について,箇条7.2では知識,経験及びそれらを適用する能力,すなわち力量につ

いて組織が確認し実施すべき事項を規定している．

(3) "7.1.6 組織の知識"との関係

箇条7.1.6では組織として保有すべき知識を要求しているのに対し，箇条7.2では個人が保有すべき知識を含む力量を要求している．すなわち前者では組織的で共通的に用いる枠組みに対する要求であり，後者では個人別に取り組む要求である．

(4) "必要な力量"の意味と確保の例

"必要な力量"とは，製品及びサービスの適合性に影響を与えるプロセスに従事する人がもち，適用すべき能力，すなわち，その人が従事するプロセスを適切に運用するのに必要不可欠な経験，知識，技能をもち，かつ，それらを適用するための能力を意味している．

例えば，PC修理サービス事業の場合，修理のプロセスに従事する人は，インプットとして顧客から提供された故障の症状に関する情報から故障内容を理解して，修理を計画し実施することで有能であると判断される．故障内容を理解し，修理を計画し実施するためには，顧客から提供された故障に関する情報に，知識，過去の経験及び技能を適切に適用することが不可欠となる．また，この人が力量を備え有能であり続けるためには，教育，訓練を通じ，時代の要請に合った新しい知識及び技能を身に付ける必要がある．この例では，上記に加え，電子産業の新技術についての知識を獲得した人が，最新モデルの修理を含む修理のプロセスに必要な人である．

(5) "力量の証拠"の意味，例

該当する人が，必要とされる力量をもっていることの証拠を意味している．例えば，その人が従事するプロセスに要求される力量と対比した形で提示される，個人の経験，受けた教育，訓練の記録，それらを適用する能力の判定方法記録などが力量の証拠を表す文書化した情報になり得る．

7 支援

> **7.3 認識**
>
> 組織は，組織の管理下で働く人々が，次の事項に関して認識をもつことを確実にしなければならない．
>
> a) 品質方針
> b) 関連する品質目標
> c) パフォーマンスの向上によって得られる便益を含む，品質マネジメントシステムの有効性に対する自らの貢献
> d) 品質マネジメントシステム要求事項に適合しないことの意味

（1） "7.3 認識" の意図

組織で働く人の品質に関する認識は，品質に関連する目的，目標達成のための重要な要因である．組織で働く人々が品質に気を配らない，あるいは，決められた仕事の意図を知らないというような状態では，目的，目標の達成はおぼつかない．この箇条では，人々が正しく認識すべき事項として，a)品質方針，b)関連する品質目標，c)自らの貢献，d)不適合の意味を要求している．認識（awareness）とは，知っている，自覚しているという意味であり，単なる暗記レベルでは，認識しているとはみなせない．

（2） "a)品質方針，b)関連する品質目標" に関する認識の意味

組織で働く人々が自分の仕事を遂行する際に基準とすべき価値基準や活動の目標を認識することで，全体と整合がとれた活動を積極的に推進できるようになる．価値基準である品質方針の理解が不十分であったり，自分がどの品質目標に関連するのかがわからなかったりすると，個人の活動は分離されたものとなり，品質マネジメントシステムへの貢献が期待できなくなる．この細分箇条では，a)～d)に規定された事項に関して，人々が認識を確かなものにすることにより，自分の仕事の結果に責任をもち，品質マネジメントシステムの有効性の維持に積極的に関与するようになることを狙いとしている．

(3) "要求事項に適合しないことの意味"を認識する意味

標準からの逸脱は，逸脱が生み出す問題を認識していない場合に起こりやすい．仕事のやり方や決められた標準の存在を知っていても，面倒であるなどの理由によりそれらを守らない場合がある．これと同様に，品質マネジメントシステムの要求事項に不適合により生じる問題が認識されていないと，人々は要求事項への適合の重要性を認識しなくなり，結果的に不適合が生じかねない．このような理由から，この規格の要求事項に適合しないことの意味を認識させる必要が生じる．

JIS Q 9001:2015

7.4 コミュニケーション

組織は，次の事項を含む，品質マネジメントシステムに関連する内部及び外部のコミュニケーションを決定しなければならない．

a) コミュニケーションの内容
b) コミュニケーションの実施時期
c) コミュニケーションの対象者
d) コミュニケーションの方法
e) コミュニケーションを行う人

---

(1) "7.4 コミュニケーション"の意図

組織は，顧客及びその他の利害関係者などの外部と適切にコミュニケーションをしないと，顧客に望まれる製品及びサービスの提供はおぼつかない．また，委託先とは，顧客要求実現のために，組織内部で何をやるか，また何を外部に委託するのかなどの適切なコミュニケーションが重要である．不十分なコミュニケーションは，不適合の発生など，様々な問題の原因となり得る．さらに，内部で働く人々とのコミュニケーションはプロセスの適切な運用のためには欠かせない．この箇条では，何を，いつ，誰が，誰に，どのように伝えるのかを決定するように要求している．ここでのコミュニケーションとは意思の伝

達及び交換を含んでおり,一方向のものも双方向のものもあり得る.

(2) "内部のコミュニケーション"の例

内部のコミュニケーションの例として次が挙げられる.

・品質方針,品質目標の周知を目的とした伝達
・責任,権限の周知を目的とした伝達
・マネジメントシステムの適用範囲,目的の周知を目的とした伝達
・マネジメントシステムのパフォーマンスに関する情報交換
・マネジメントシステム要求事項への適合の重要性の周知を目的とした伝達

(3) **コミュニケーションが要求されている箇条**

この規格においては,下記の箇条において"communicate/communication"が要求されている.

5.1.1 f) 有効な品質マネジメント及び品質マネジメントシステム要求事項への適合

5.2.2 b) 品質方針

5.3 責任と権限

6.2.1 f) 品質目標

8.2.1 顧客とのコミュニケーション

8.4.3 外部提供者に対する情報

―― JIS Q 9001:2015 ――

7.5 文書化した情報

7.5.1 一般

組織の品質マネジメントシステムは,次の事項を含まなければならない.

a) この規格が要求する文書化した情報

b) 品質マネジメントシステムの有効性のために必要であると組織が決定した,文書化した情報

注記 品質マネジメントシステムのための文書化した情報の程度は,

> 次のような理由によって，それぞれの組織で異なる場合がある．
> — 組織の規模，並びに活動，プロセス，製品及びサービスの種類
> — プロセス及びその相互作用の複雑さ
> — 人々の力量

(1) "7.5 文書化した情報"の意図

　品質マネジメントシステムの運用の基盤は，方針，目的，目標，手順，結果などを示した文書化した情報を作成し，それを共有し，組織全体で整合された品質マネジメントシステムを構築することにある．また，文書化した情報は，適合の証拠としての提示など様々な用途で使用される．この箇条では，品質マネジメントシステムに，a) JIS Q 9001:2015 で要求している文書化した情報，b) 組織自らが必要と決めた文書化した情報を含むことを要求している．文書化した情報とは，"組織が管理し，維持するよう要求されている情報，及びそれが含まれている媒体"（JIS Q 9000）であり，あらゆる形式及び媒体の形をとり得る．JIS Q 9001:2008 においては，文書化の種類により，手順，記録，マニュアルという名称が用いられていたが，今回の改訂に伴い，全てを総称し文書化した情報として統一的に表現されている．言い換えると，JIS Q 9001:2008 ではやるべき事項が明示されていたのに対し，JIS Q 9001:2015 では，組織が必要な文書化した情報を自ら明確化し，適切な方法で活用することが要求されている．

(2) "維持する"，"保持する"の意味

　この規格で要求する文書化に対しての要求事項に，"維持する（maintain）"，"保持する（retain）"という二つの動詞が用いられている．"維持する"の場合には，機器のメンテナンスの用例のように，必要となる何らかの手を加えて目的とする機能を保つことを意味する．これに対し"保持する"は，得られた結果をそのまま置いておくことを意味する．

7 支 援

(3) "この規格が要求する文書化した情報"の意味

この規格において,文書化を要求事項として規定している場合の文書に該当する.この規格で文書化及びその維持,又は,保持が要求されている文書化した情報は,次のとおりである.

維持

① 4.3 品質マネジメントシステムの適用範囲
② 4.4.2 品質マネジメントシステムの支援のため
③ 5.2.2 品質方針
④ 6.2 品質目標
⑤ 8.1 プロセスが計画どおりに実施されたという確信をもち,製品及びサービスの要求事項への適合を実証するため(保持も要求)

保持

① 4.4.2 品質マネジメントシステムが計画どおりに実施されたことを確信するため
② 7.1.5.1 監視及び測定のための資源の目的との合致の証拠
③ 7.1.5.2 校正又は検証に用いた基準
④ 7.2 力量の証拠
⑤ 8.2.3.2 顧客要求事項のレビュー結果
⑥ 8.3.3 設計・開発へのインプット
⑦ 8.3.4 設計・開発の管理活動
⑧ 8.3.5 設計・開発のアウトプット
⑨ 8.3.6 設計・開発の変更
⑩ 8.4.1 外部提供者の評価,パフォーマンスの監視及び再評価の結果
⑪ 8.5.2 トレーサビリティを可能とする文書化した情報
⑫ 8.5.3 顧客若しくは外部提供者の所有物の紛失など
⑬ 8.5.6 変更のレビュー結果,変更を許可した人など
⑭ 8.6 製品及びサービスのリリース
⑮ 8.7.2 不適合なプロセスアウトプットへの処置など

⑯　9.1.1　パフォーマンス評価の結果
⑰　9.2.2　監査プログラムの実施，結果
⑱　9.3.3　マネジメントレビューの結果
⑲　10.2.2　不適合への処置と是正処置の結果

また，利用可能な状態にする，考慮することが要求されている文書化した情報は次のとおりである．

①　5.2.2　品質方針
②　8.3.2　設計・開発の要求事項を満たしている確認
③　8.5.1　製品及びサービスの特性，実施する活動及び達成する結果など

(4)　JIS Q 9001:2008 品質マニュアルとの関係

JIS Q 9001:2008 の箇条 4.2.2 では，a) 品質マネジメントシステムの適用範囲，b) 確立された文書化された手順など，c) プロセス間の相互関係，を含む品質マニュアルの作成，維持を要求している．JIS Q 9001:2015 では，品質マニュアルという名前の文書化した情報の作成，維持の要求はないものの，これに相当する文書化した情報の作成，維持は要求している．すなわち，JIS Q 9001:2008 の箇条 4.2.2 a) については，JIS Q 9001:2015 の箇条 4.3 において，品質マネジメントシステムの適用範囲の文書化した情報の作成が要求されている．また JIS Q 9001:2008 の箇条 4.2.2 b) の詳細が，上述 (3) に対応する．さらに JIS Q 9001:2008 の箇条 4.2.2 c) は，プロセスアプローチに基づく品質マネジメントシステムを規定した箇条 4.4 の中の，プロセスの運用を支援するための文書化した情報に対応すると考えてよい．このように，品質マニュアルという名称は用いていないものの，それとほぼ同等な文書化した情報の維持，保持を要求している．

JIS Q 9001:2015

7.5.2　作成及び更新

文書化した情報を作成及び更新する際，組織は，次の事項を確実にしなければならない．

a）適切な識別及び記述（例えば，タイトル，日付，作成者，参照番号）
b）適切な形式（例えば，言語，ソフトウェアの版，図表）及び媒体（例えば，紙，電子媒体）
c）適切性及び妥当性に関する，適切なレビュー及び承認

(1) "7.5.2 作成及び更新" の意図

文書化した情報を作成する場合，あるいは，必要に応じて更新する場合に，文書類の混乱などの問題が生じることを防ぐために，文書を適切に管理する必要がある．この箇条では，この種の混乱を避けるために，文書化した情報をタイトル，日付，作成者，参照番号などにより識別できるようにし，またそれを維持できる形式，媒体を決定することを要求している．加えて，作成，更新した文書の適切性や妥当性をレビューし，承認することを要求している．

(2) "適切性及び妥当性" の意味

この箇条で要求している適切性（suitability）は，目的に対して内容，フォーマット及び媒体が適切かどうかについて述べており，また，妥当性（adequacy）は，文書の目的を果たすのに十分で，漏れがないか，について述べている．例えば，プロセスの安定化のために作業標準類を作成する際，作成した作業標準類が安定化のために有効な内容を含んでいるかが適切性で，目的とする安定レベルに達するように十分に漏れなく配慮して作成できているかどうかが妥当性である．

―― JIS Q 9001:2015

7.5.3 文書化した情報の管理

7.5.3.1 品質マネジメントシステム及びこの規格で要求されている文書化した情報は，次の事項を確実にするために，管理しなければならない．

a）文書化した情報が，必要なときに，必要なところで，入手可能かつ利用に適した状態である．
b）文書化した情報が十分に保護されている（例えば，機密性の喪失，不

適切な使用及び完全性の喪失からの保護）．

7.5.3.2 文書化した情報の管理に当たって，組織は，該当する場合には，必ず，次の行動に取り組まなければならない．
a) 配付，アクセス，検索及び利用
b) 読みやすさが保たれることを含む，保管及び保存
c) 変更の管理（例えば，版の管理）
d) 保持及び廃棄

品質マネジメントシステムの計画及び運用のために組織が必要と決定した外部からの文書化した情報は，必要に応じて識別し，管理しなければならない．

適合の証拠として保持する文書化した情報は，意図しない改変から保護しなければならない．

> **注記** アクセスとは，文書化した情報の閲覧だけの許可に関する決定，又は文書化した情報の閲覧及び変更の許可及び権限に関する決定を意味し得る．

（1）"7.5.3 文書化した情報の管理"の意図

文書化した情報は，作成や更新そのものが目的ではなく，作成や更新した文書の活用が目的となる．そのために箇条 7.5.3 では，文書化した情報が品質マネジメントシステムに効果的に活用されるための事項を要求している．箇条 7.5.3.1 では，a)いつでも使いやすい状態で入手可能，b)十分な保護という 2 点が挙げられている．また箇条 7.5.3.2 では，該当する場合には，文書化した情報の管理策を導入することが要求されている．この管理策は，a)配付，アクセス，検索，利用という人々の情報の入手形態，b)文書化した情報の読みやすさ，保管，c)変更管理，d)保持及び廃棄から検討する．

（2）"外部からの文書化した情報"の意味と例

組織の外部で文書化された情報であるものの，組織の品質マネジメントシス

テムの計画及び運用のために必要と組織が決定したものを意味している．例えば，顧客満足度調査を外部委託する場合における顧客満足度調査の結果や，製造機器を購入する場合における製造機器操作マニュアルなどが該当する．

(3) "意図しない改変"の意味と例

意図しない改変とは，データファイルがうっかり上書きされてしまうなど，文書化された情報の改変の意図はないにもかかわらず，結果的に改変されてしまうものを指す．この改変への対策として，電子データであればシステム上での書き換えができなくする，紙に記録されているものの変更には訂正印を押すなどにより，意図した改変を明確にするための識別を施すなどが挙げられる．

8 運用

── JIS Q 9001:2015 ──

8 運用

8.1 運用の計画及び管理

組織は，次に示す事項の実施によって，製品及びサービスの提供に関する要求事項を満たすため，並びに箇条 **6** で決定した取組みを実施するために必要なプロセスを，計画し，実施し，かつ，管理しなければならない（**4.4** 参照）．

a) 製品及びサービスに関する要求事項の明確化

b) 次の事項に関する基準の設定

　　1) プロセス

　　2) 製品及びサービスの合否判定

c) 製品及びサービスの要求事項への適合を達成するために必要な資源の明確化

d) b) の基準に従った，プロセスの管理の実施

e) 次の目的のために必要な程度の，文書化した情報の明確化，維持及び保持

> 1) プロセスが計画どおりに実施されたという確信をもつ．
> 2) 製品及びサービスの要求事項への適合を実証する．
>
> この計画のアウトプットは，組織の運用に適したものでなければならない．
>
> 組織は，計画した変更を管理し，意図しない変更によって生じた結果をレビューし，必要に応じて，有害な影響を軽減する処置をとらなければならない．
>
> 組織は，外部委託したプロセスが管理されていることを確実にしなければならない（**8.4** 参照）．

(1)　"8 運用" の意図

品質マネジメントシステムについて PDCA サイクルを考えると，箇条 8 は Do であり，製品及びサービスの顧客への提供である．品質のみならず全てのマネジメントシステムにおいて，Do を効果的に進めるためにマネジメントシステムが存在する．その意味で，この箇条はマネジメントシステムの根幹である．

品質マネジメントシステムにおける Do である "8 運用" は，製品及びサービスの顧客への提供であり，JIS Q 9001:2008 における製品実現に対応する．この箇条 8 の中では，附属書 SL で規定されている箇条である "8.1 運用の計画及び管理" に加え，箇条 8.2 から箇条 8.7 が品質マネジメントシステム固有の要求として追加されている．具体的には，顧客要求事項の明確化（8.2），設計・開発（8.3），外部からの提供の管理（8.4），製造及びサービス提供（8.5），製品及びサービスのリリース（8.6），不適合なアウトプット，製品及びサービスの管理（8.7）である．これらは，一般的なプロセスの順序に従って要求事項が記述されている．これらに，箇条 9, 10 に規定されている運用に関わる Check, Act を加えると，製品及びサービスを顧客へ提供する一連の活動の PDCA サイクルとなる．

(2) "8.1 運用の計画及び管理"の意図

どのようなマネジメントシステムにおいても，効果的に運用をするためには適切に PDCA サイクルを回す必要がある．そのために附属書 SL において，箇条 8.1 では運用の計画及び管理として，運用の PDCA サイクルが適切に回るための要求が俯瞰的に示されている．具体的な要求は，箇条 8.2 以降になる．

(3) 箇条 6, 4.4 との関係

箇条 6，特に"6.1 リスク及び機会への取組み"における計画は，組織の内部，外部の課題などを考慮した取組み，及び，特定したリスクに基づき取り扱うべき事項を決定し，それらを品質マネジメントシステムに取り込む計画である．これに対して箇条 8.1 の計画は，事業の運用の詳細計画に焦点を当てており，個々の製品及びサービスの提供に焦点を当てたより具体的なものが要求されている．ここでの計画において，"4.4 品質マネジメントシステム及びそのプロセス"の a)から h)を対象とするプロセスに適用することによって，組織の事業の運用の詳細計画が明らかになる．また，箇条 6.1.2 のリスク及び機会への取組みの計画のうち，製品及びサービス提供に直接関わるものについて，詳細な計画やその管理が箇条 8 で要求されている．例えば，箇条 6.1.2 である特定の不具合が多くなる原因の不確かな要因（リスク）が残っている結果が得られたときに，それに対応するべく製品及びサービスの判定基準を厳しくするという計画がこれに該当する．

(4) "プロセス"に関する"基準"，"製品及びサービスの合否判定基準"の意味

この箇条の b)で要求されているプロセスに関する基準とは，プロセスの運用の状態に関する基準である．例えば，作業標準や操作手順書などに従って運用されるプロセスにおける中心値やばらつきの基準など，プロセスの管理の進め方の基準を指す．これを基に d)では，プロセス管理の実施が要求されている．一方，製品及びサービスの合否判定基準とは，幾つかのプロセスを経て最終的に提供される製品及びサービスが基準に適合しているかどうかの合否判定基準であり，結果の判定基準である．

(5) "計画した変更","意図しない変更"の例

この箇条における計画した変更の例として,設備の更新予定が既に決まっていて,それに基づくプロセスの手順の変更が挙げられる．一方,意図しない変更とは,計画した変更以外の全ての変更のうち,製品及びサービスの適合性に影響を与え得るものを意味している．計画されているか否かにかかわらず,必要な変更は導入する．例えば不適合品が発生した場合には,その原因を追究し,再発防止のための処置をとり,プロセスを変更することが重要である．

(6) "外部委託したプロセス"の意味

箇条 4.4 に従い決定したプロセスの一部を外部の組織に委託した場合,これらの外部委託したプロセスの管理は,基本的には,自らが運用するプロセスの管理と整合し,同程度でなければならない．外部委託したプロセスの管理に関する,その詳細は箇条 8.4 で規定されている．なおこれは,JIS Q 9001:2008 のアウトソースの管理に対応している．

―― JIS Q 9001:2015 ――

8.2 製品及びサービスに関する要求事項

8.2.1 顧客とのコミュニケーション

顧客とのコミュニケーションには,次の事項を含めなければならない．

a) 製品及びサービスに関する情報の提供
b) 引合い,契約又は注文の処理．これらの変更を含む．
c) 苦情を含む,製品及びサービスに関する顧客からのフィードバックの取得
d) 顧客の所有物の取扱い又は管理
e) 関連する場合には,不測の事態への対応に関する特定の要求事項の確立

---

(1) "8.2 製品及びサービスに関する要求事項"の意図

顧客の製品及びサービスに対する要求を的確につかむこと,製品及びサー

ビスに対する顧客の受け止め方を理解することなどは，組織が製品及びサービスにより顧客に価値を提供するための重要な条件である．そのためにこの箇条8.2.1では注視すべき情報及びそれらに関するコミュニケーションプロセスの確立，箇条8.2.2では製品及びサービスに関連する要求事項の決定，箇条8.2.3では製品及びサービスに関連する要求事項のレビューという三つの要求事項を設けている．

(2) "8.2.1 顧客とのコミュニケーション"の意図

製品及びサービスを通じて顧客に価値を提供するには，顧客が何を望んでいるのかが最も基本となる情報であり，この獲得が箇条8.2.1の狙いである．顧客とのコミュニケーションとは，顧客の要求をつかむためのコミュニケーション全般を指す．すなわち，B2Bビジネスにおける顧客との直接的な双方向の対話だけでなく，B2Cビジネスにおける市場調査などのように多くの顧客を対象とした一方向のコミュニケーションも含まれる．箇条8.2.1のa)からe)は，顧客とのコミュニケーションのプロセスに対応する．B2Bビジネスの場合には，一般的にはa)からe)を考えるのに対し，B2Cビジネスの場合には，a)からc)までで完了する場合が多い．

──── JIS Q 9001:2015 ────

8.2.2 製品及びサービスに関する要求事項の明確化

顧客に提供する製品及びサービスに関する要求事項を明確にするとき，組織は，次の事項を確実にしなければならない．

a) 次の事項を含む，製品及びサービスの要求事項が定められている．
   1) 適用される法令・規制要求事項
   2) 組織が必要とみなすもの
b) 組織が，提供する製品及びサービスに関して主張していることを満たすことができる．

(1) "8.2.2 製品及びサービスに関する要求事項の明確化"の意図

箇条 8.2.2 の製品及びサービスに関する要求事項の明確化は，品質マネジメントシステムの運用で最も基本となる活動の一つである．この明確化は，顧客とのコミュニケーションの結果を基に行い，誤りや誤解が絶対にあってはならない．そのため，誰が，どのような手順で決めたのかを明確にした，製品及びサービスに関する要求事項を決めるプロセスを確立，実施，維持する必要がある．なお，このプロセスにより明確化される製品及びサービスの要求事項には，適用される法令・規制要求事項を含んでいる必要がある．また，組織は，これらの要求事項に関し，要求を実現する能力をもっている必要がある．

(2) 要求事項を明確化する例

一般的な B2B ビジネスでは，担当窓口を決め，決められた手順，決められたフォーマットに従い，顧客要求事項を明確化する．一般消費財を提供する B2C ビジネスの場合には，製品及びサービスの種類やそれらが対象とする市場により様々である．例えば，箇条 8.2.1 の顧客とのコミュニケーションにより担当者が原案を作り，企画担当部門だけでなく製造や営業部門からの出席がある製品企画会議での検討により，要求事項を明確化する場合もある．この製品企画会議では，顧客の要求を的確に把握しているかだけでなく，箇条 8.2.2 の関連する法令・規制要求事項や組織の提供能力も考慮されなければならない．

(3) "製品及びサービスに関する主張"の意味

組織が提供する製品及びサービスについて，組織による主張（claim）を指す．例えば，ピザの宅配サービスの場合に，その会社による"30 分以内にお届けします"という主張が挙げられる．この場合，"30 分以内にお届けします"という主張を満たすためには，配達圏が明確であり，予想される最大受注数に対し，分散した配達圏内の各々について，30 分以内に配達できる人員及び輸送手段を確保しておかなければならない．

8.2.3 製品及びサービスに関する要求事項のレビュー

8.2.3.1 組織は,顧客に提供する製品及びサービスに関する要求事項を満たす能力をもつことを確実にしなければならない.組織は,製品及びサービスを顧客に提供することをコミットメントする前に,次の事項を含め,レビューを行わなければならない.

a) 顧客が規定した要求事項.これには引渡し及び引渡し後の活動に関する要求事項を含む.
b) 顧客が明示してはいないが,指定された用途又は意図された用途が既知である場合,それらの用途に応じた要求事項
c) 組織が規定した要求事項
d) 製品及びサービスに適用される法令・規制要求事項
e) 以前に提示されたものと異なる,契約又は注文の要求事項

　組織は,契約又は注文の要求事項が以前に定めたものと異なる場合には,それが解決されていることを確実にしなければならない.

　顧客がその要求事項を書面で示さない場合には,組織は,顧客要求事項を受諾する前に確認しなければならない.

　　注記　インターネット販売などの幾つかの状況では,注文ごとの正式なレビューは実用的ではない.その代わりとして,レビューには,カタログなどの,関連する製品情報が含まれ得る.

8.2.3.2 組織は,該当する場合には,必ず,次の事項に関する文書化した情報を保持しなければならない.

a) レビューの結果
b) 製品及びサービスに関する新たな要求事項

(1)　"8.2.3 製品及びサービスに関する要求事項のレビュー"の意図

理論上,プロセスに対して適切に定められた手順に従った結果はよいものと

なるが，現実的には手順の不備や実施上の問題によりそうならない場合も多数存在するため，結果をレビューし，よいものであるかどうかを確認し，必要に応じた処置をとる必要がある．この理由から，箇条 8.2.3 では，箇条 8.2.2 で決めた製品及びサービスに関連する要求事項の決定プロセスの結果についてのレビューを要求している．このレビューは，当然のことながら，顧客に対する製品及びサービス提供のコミットメントの前に実施する必要がある．

(2) "顧客が明示してはいないが，指定された用途又は意図された用途が既知である場合"の意味

顧客は当然と思う要求事項は明示せず，特に重要と思われる要求や，新たな要求のみを語る場合がある．例えば，故障なく動く，安全に動くということは満たされていて当然なので，それをわざわざ明示する必要もないという考えが背後にある．一方，安全，基本機能などは明示されなくとも絶対に確保する必要がある．これらを確保できないと，リコールをはじめとした甚大な影響を及ぼす問題になりかねない．このような事項に正確に取り組むために，顧客が明示していないが指定した用途，あるいは意図された用途を前提にして，必要となる製品及びサービスが具備すべき特性を要求事項と捉えなければならない．

(3) "顧客がその要求事項を書面で示さない場合には，組織は，顧客要求事項を受諾する前に確認しなければならない"の意図

顧客が書面で要求事項を示していない場合に，契約などを進めてしまい，顧客要求事項の受け取り方の違いで問題が発生することがある．例えばシステム開発において，顧客が書面で示していないときに要求事項の確認なしに開発を進め，後で問題が出てくる場合である．これを防止するために，顧客が書面で要求事項を示していない場合には，何らかの方法でその内容の確認を，契約前に行わなければならない．このためには，組織から契約前に確認書を送付するなど，組織側から事前に対応をするのがよい．

8 運用

> JIS Q 9001:2015
>
> **8.2.4 製品及びサービスに関する要求事項の変更**
>
> 製品及びサービスに関する要求事項が変更されたときには，組織は，関連する文書化した情報を変更することを確実にしなければならない．また，変更後の要求事項が，関連する人々に理解されていることを確実にしなければならない．

（1）"8.2.4 製品及びサービスに関する要求事項の変更"の意図

製品及びサービスの要求事項が変更される場合には，その変更が影響を及ぼす全ての領域において，適切に対応する必要がある．例えば製造プロセスの条件に関する小さな変更を伴う要求事項など，小規模な変更であっても，それが確実に，かつ，継続的に実施される必要がある．そのため，要求事項に変更があった場合，要求事項を変更した文書化した情報のみならず，その変更に影響を受ける全ての文書化した情報を改訂する．そして改訂に関連した活動をする人々が，その改訂の意味を理解し納得する必要がある．小規模な変更では，作業指示書の改訂などで対応できる場合があるが，大規模な変更であれば設計変更などが必要になる場合がある．このように，顧客要求の変更の規模に応じ，どのようにしたら顧客要求に適合できるかを明確化し，関連する文書化した情報を変更する必要がある．

> JIS Q 9001:2015
>
> **8.3 製品及びサービスの設計・開発**
>
> **8.3.1 一般**
>
> 組織は，以降の製品及びサービスの提供を確実にするために適切な設計・開発プロセスを確立し，実施し，維持しなければならない．

（1）"8.3 製品及びサービスの設計・開発"の意図

設計・開発の主な機能は，顧客の要求を製品及びサービスの詳細を定めた仕

様へと変換することである．設計・開発以降のプロセスでは，この仕様をもとに製品及びサービスの提供に向けた活動が行われる．製品の品質，サービスの質の大きな割合が，設計・開発段階のアウトプットともいえるこれらの仕様によって決まる．この仕様が顧客にとって適切かつ妥当なものでないと，最終的によい製品，よいサービスの提供はできない．このために箇条 8.3 では，箇条 8.3.1 で一般的な要求を示したのちに，箇条 8.3.2 以降で設計・開発の計画，インプット，管理，アウトプット，変更という主要な設計・開発の段階についての要求を示している．なおこの箇条における，"以降の製品及びサービスの提供"とは，設計・開発の後に続く製品及びサービスの提供という意味である．

(2) 設計・開発に関する要求の変遷

箇条 8.3.1 では，設計・開発のプロセスを確立し，実施し，維持しなければいけない状況を説明している．歴史的に，1987 年に発行された ISO 9001, 9002, 9003 は，設計・開発の有無など組織がもつ機能に応じて適用すべき規格が分かれていた．ISO 9001:2000，ISO 9001:2008 では規格が一本化され，適用可能な場合には，それらの全ての要求事項が適用されるようになった．ISO 9001:2015 においても，この考え方は ISO 9001:2000，ISO 9001:2008 と同じである．

(3) 設計・開発の必要性

設計・開発は，製品及びサービスの仕様を決定する活動で，ここで決められた仕様の詳細が，設計・開発に続く製品及びサービスの提供のプロセスに必要な事項を決定する．そうした意味で，例えば，製品及びサービスの特性の詳細や採用する技術が決められていない場合，すなわち，顧客が示した要求事項だけでは製造及びサービス提供ができない場合には，仕様を具現化する活動である設計・開発が必要になる．

───────────────────────────── JIS Q 9001:2015 ─

8.3.2 設計・開発の計画

設計・開発の段階及び管理を決定するに当たって，組織は，次の事項を

考慮しなければならない．

a) 設計・開発活動の性質，期間及び複雑さ
b) 要求されるプロセス段階．これには適用される設計・開発のレビューを含む．
c) 要求される，設計・開発の検証及び妥当性確認活動
d) 設計・開発プロセスに関する責任及び権限
e) 製品及びサービスの設計・開発のための内部資源及び外部資源の必要性
f) 設計・開発プロセスに関与する人々の間のインタフェースの管理の必要性
g) 設計・開発プロセスへの顧客及びユーザの参画の必要性
h) 以降の製品及びサービスの提供に関する要求事項
i) 顧客及びその他の密接に関連する利害関係者によって期待される，設計・開発プロセスの管理レベル
j) 設計・開発の要求事項を満たしていることを実証するために必要な文書化した情報

(1) "8.3.2 設計・開発の計画"の意図

設計・開発のアウトプットがその後のプロセスに与える影響が非常に大きいため，通常，設計・開発をある程度進めた時点の結果をレビューするなど，設計・開発は幾つかの段階からなる．これらは，あらかじめ計画を策定する際に決めておく必要がある．このことから箇条8.3.2では，設計・開発をどのような段階（stage）で進めていくか，またこれらの段階の進捗などをどのように管理（control）するかを決める際に，考慮すべき事項を規定a)からj)として規定している．例えば，過去に類似した設計・開発をしたことがある場合には，設計・開発の段階や管理のやり方は，全く新規の設計・開発の場合の段階や管理のやり方よりも簡素化できる．

(2)　"設計・開発の段階"の意味

設計・開発の段階とは，設計・開発のインプットの明確化から，具体的な仕様を決定し，設計・開発のアウトプットを確定するまでを，幾つかに区切ったものである．この段階を用いて，設計・開発のアウトプットの適切性や妥当性を確保する．これらの段階には，設計・開発の活動を細分化した段階や細分化した段階ごとにそれぞれのアウトプットを検証する段階，設計・開発の最終アウトプットの検証，妥当性確認を行う段階などがある．

JIS Q 9001:2015

8.3.3　設計・開発へのインプット

組織は，設計・開発する特定の種類の製品及びサービスに不可欠な要求事項を明確にしなければならない．組織は，次の事項を考慮しなければならない．

a)　機能及びパフォーマンスに関する要求事項
b)　以前の類似の設計・開発活動から得られた情報
c)　法令・規制要求事項
d)　組織が実施することをコミットメントしている，標準又は規範（codes of practice）
e)　製品及びサービスの性質に起因する失敗により起こり得る結果

インプットは，設計・開発の目的に対して適切で，漏れがなく，曖昧でないものでなければならない．

設計・開発へのインプット間の相反は，解決しなければならない．

組織は，設計・開発へのインプットに関する文書化した情報を保持しなければならない．

---

(1)　"8.3.3　設計・開発へのインプット"の意図

設計・開発に適切なインプットがなされないと，そのアウトプットの質は確保できない．これから箇条8.3.3では，設計・開発へのインプットとして考慮

すべき事項を規定している．これらは，a)製品及びサービスの機能，性能に関する要求，b)過去の設計・開発の情報，c)法令・規制要求事項，d)組織がコミットした規範，e)製品及びサービスの性質によって起こり得る失敗の影響である．なお，d)の規範（codes of practice）とは，例えば社会的に問題になっている地域の労働を使わないなど，組織の行動の上で自らが決めていることである．

(2) "特定の種類の製品及びサービスに不可欠な要求事項"の意味，例

設計・開発においては，対象とする製品及びサービスについて固有で不可欠な要求と，対象とする製品及びサービス全般について不可欠な要求事項の両方を考慮する必要がある．後者が，特定の種類の製品及びサービスに不可欠な要求である．例えば，テレビの場合には，画面の大きさ，厚さなど対象としているテレビに対する固有の機能，性能などに関する要求事項と，テレビという種類の製品（テレビ全般）に対して不可欠な要求事項の二つを考慮する必要がある．対象とするテレビが，提供を予定している地域のテレビ放送規格に準じた方式を採用しているということは，テレビという種類の製品全般に要求されるので後者の例である．

JIS Q 9001:2015

8.3.4 設計・開発の管理

組織は，次の事項を確実にするために，設計・開発プロセスを管理しなければならない．

a) 達成すべき結果を定める．

b) 設計・開発の結果の，要求事項を満たす能力を評価するために，レビューを行う．

c) 設計・開発からのアウトプットが，インプットの要求事項を満たすことを確実にするために，検証活動を行う．

d) 結果として得られる製品及びサービスが，指定された用途又は意図された用途に応じた要求事項を満たすことを確実にするために，妥当性

確認活動を行う．
e) レビュー，又は検証及び妥当性確認の活動中に明確になった問題に対して必要な処置をとる．
f) これらの活動についての文書化した情報を保持する．
　　注記　設計・開発のレビュー，検証及び妥当性確認は，異なる目的をもつ．これらは，組織の製品及びサービスに応じた適切な形で，個別に又は組み合わせて行うことができる．

(1) "8.3.4 設計・開発の管理"の意図

　プロセスの管理の基本は，インプットの管理，プロセス，やり方の管理，最終結果の管理の三つである．設計・開発においても同様であり，インプットの管理，プロセスの進め方，やり方の管理，最終的な結果の管理が三つの柱となる．この前の箇条 8.3.3 でインプットについて取り上げているのに対し，箇条 8.3.4 では，インプットに基づき進める設計・開発の段階の管理，最終的な結果の管理について規定している．なおこの箇条における，a)達成すべき結果とは，設計・開発のそれぞれの段階において出しているべき結果である．また，b)は設計・開発のそれぞれの段階における結果が，a)を含めた要求事項を満たしているかどうかのレビューとなる．さらに c)は一通りの設計・開発を終えたアウトプットが，インプットで規定された要求事項を満たしているかどうかの検証となる．

(2) "設計・開発のレビュー"，"検証"，"妥当性確認"の意味

　設計・開発のレビューとは，設計・開発がある程度進んだ段階で，設計・開発担当者だけでなく，例えば，企画部門，生産部門，営業部門など幅広い立場の関係者が集まり，設計・開発の進捗が意図どおりであるか，問題が生じないかなどを検討することを指す．また検証とは，結果が，事前に決めた要求や仕様を満たしているかどうかの検討を意味する．さらに妥当性確認とは，設計・開発の結果が，顧客の要求に対して合致しているかについて，実際の使用を通した確認を意味する．例えば家を建てるときに，家が設計図面どおりかどうか

を検討するのが検証であり，家が顧客の要求に合致しているかどうかが妥当性確認である．

JIS Q 9001:2015

8.3.5 設計・開発からのアウトプット

組織は，設計・開発からのアウトプットが，次のとおりであることを確実にしなければならない．

a) インプットで与えられた要求事項を満たす．

b) 製品及びサービスの提供に関する以降のプロセスに対して適切である．

c) 必要に応じて，監視及び測定の要求事項，並びに合否判定基準を含むか，又はそれらを参照している．

d) 意図した目的並びに安全で適切な使用及び提供に不可欠な，製品及びサービスの特性を規定している．

組織は，設計・開発のアウトプットについて，文書化した情報を保持しなければならない．

---

(1) "8.3.5 設計・開発からのアウトプット" の意図

この箇条では，アウトプットが満たすべき事項を a) から d) として詳細に規定している．これらの要求は，a) インプットの要求事項への適合，b) 以降のプロセスへの適切性，c) 要求事項への合致の判定など，d) 製品及びサービスの目的などへの合致である．

(2) "b) 製品及びサービスの提供に関する以降のプロセスに対して適切" の意味

設計・開発からのアウトプットとは，例えば，設計図，サービス規定書などであり，製品及びサービスがどのようなものか，並びにどのように製品あるいはサービスとして実現するかを記述したものである．ここでの要求事項は，このアウトプットどおりの製品の生産ができる，あるいは，サービスの提供がで

きるという点を確実にすることである．製品の設計図はできたものの，そのとおりの製造ができない，などという事態を避けるためのものである．

JIS Q 9001:2015

8.3.6 設計・開発の変更

組織は，要求事項への適合に悪影響を及ぼさないことを確実にするために必要な程度まで，製品及びサービスの設計・開発の間又はそれ以降に行われた変更を識別し，レビューし，管理しなければならない．

組織は，次の事項に関する文書化した情報を保持しなければならない．

a) 設計・開発の変更
b) レビューの結果
c) 変更の許可
d) 悪影響を防止するための処置

---

(1) "8.3.6 設計・開発の変更"の意図

どのような活動においても，その途中や活動を終えた後で変更せざるを得ない状況が生じる可能性がある．この箇条 8.3.6 では，設計・開発へのインプット，設計・開発からのアウトプットが，何らかの理由で変更された場合についての取扱いを規定している．この変更は，例えば，製造段階で発見した不具合に対する設計変更など，設計・開発が一通り終わった後で行われる変更も含まれる．採用される変更は，要求事項への適合という意味では問題がないことが確認されていることが前提であり，変更する場合は，変更をレビューし影響がないことなどを確認し，内容に応じて管理し，変更後の結果がどうなっているのかを識別しておくというものである．

(2) "要求事項への適合に悪影響を及ぼさないことを確実にするために必要な程度まで行われた変更"の意味

設計・開発へのインプット及びアウトプットは，技術の進歩や経済情勢などの変化に対応するために，変更が必要となる場合がある．これらの変更には，

適用される法令・規制要求事項の変更や，技術の見直しに基づく製造コスト削減を目的にした変更などが含まれる．どのような理由であれ，実際に採用される全ての変更は，それが要求事項への適合に悪影響を及ぼさないようになっていることを確認する必要がある．

JIS Q 9001:2015

8.4 外部から提供されるプロセス，製品及びサービスの管理
8.4.1 一般

組織は，外部から提供されるプロセス，製品及びサービスが，要求事項に適合していることを確実にしなければならない．

組織は，次の事項に該当する場合には，外部から提供されるプロセス，製品及びサービスに適用する管理を決定しなければならない．

a) 外部提供者からの製品及びサービスが，組織自身の製品及びサービスに組み込むことを意図したものである場合

b) 製品及びサービスが，組織に代わって，外部提供者から直接顧客に提供される場合

c) プロセス又はプロセスの一部が，組織の決定の結果として，外部提供者から提供される場合

組織は，要求事項に従ってプロセス又は製品・サービスを提供する外部提供者の能力に基づいて，外部提供者の評価，選択，パフォーマンスの監視，及び再評価を行うための基準を決定し，適用しなければならない．組織は，これらの活動及びその評価によって生じる必要な処置について，文書化した情報を保持しなければならない．

（1） "8.4 外部から提供されるプロセス，製品及びサービスの管理" の意図

製品及びサービスを顧客に提供するために，全てを自組織で用意することはほとんどなく，何らかの形で外部からの提供を受ける．この箇条では，このように外部から提供される製品や外部に委託するプロセスについて，適切な管理

を要求している．外部からの提供の状況を，a)外部から組織に提供，b)外部から顧客に提供，c)プロセス，機能を外部委託するという三つに整理し，これらの性質に鑑み，管理を決定することを要求している．また，外部提供者の能力に基づき，評価，再評価の基準方法などの確立及び適用も要求している．なおこの箇条は，JIS Q 9001:2008における購買の要求に，外部委託に関する要求を加えている．また，b)の例として，集合住宅の清掃サービス提供が挙げられる．

(2) "**外部から提供されるプロセス，製品及びサービス**"**の意味，例**

外部から提供されるプロセス，製品及びサービスには，様々な形態が含まれる．例えば，購買に該当する，規格で決められた製品の購入というような単純な購入，外部委託に該当する，仕様を組織が定め外部で製造したものの購入や，一部のプロセスの外部委託や，業務請負による製造なども含まれる．

―― JIS Q 9001:2015 ――

8.4.2 管理の方式及び程度

組織は，外部から提供されるプロセス，製品及びサービスが，顧客に一貫して適合した製品及びサービスを引き渡す組織の能力に悪影響を及ぼさないことを確実にしなければならない．

組織は，次の事項を行わなければならない．

a) 外部から提供されるプロセスを組織の品質マネジメントシステムの管理下にとどめることを，確実にする．

b) 外部提供者に適用するための管理，及びそのアウトプットに適用するための管理の両方を定める．

c) 次の事項を考慮に入れる．

　1) 外部から提供されるプロセス，製品及びサービスが，顧客要求事項及び適用される法令・規制要求事項を一貫して満たす組織の能力に与える潜在的な影響

　2) 外部提供者によって適用される管理の有効性

d) 外部から提供されるプロセス，製品及びサービスが要求事項を満たすことを確実にするために必要な検証又はその他の活動を明確にする．

(1) "8.4.2 管理の方式及び程度"の意図

例えば，規格で決められた製品の単純な購入の場合と，製品の適合の上で重要なプロセスの外部委託では，管理の方式や程度が異なる．顧客に適合した製品及びサービスを提供するという視点から，重要度，影響度に応じて管理の方式や程度を決め，そのとおり実行し，確認するというのがこの要求の意図である．

(2) "組織の品質マネジメントシステムの管理下にとどめる"の意味

外部委託したプロセスも，組織が製品及びサービスを提供する一連の活動の一部であり，組織の品質マネジメントシステムの一部として管理することにより，製品及びサービスの適合性が確保できる．そうした意味で，外部委託したプロセスは組織の品質マネジメントシステムの適用範囲内に含まれる．外部委託したプロセスについて，顧客に適合した製品及びサービスを提供するという視点などから管理方法を決定し，そのとおりに管理されているか，また，プロセスのアウトプットが意図どおりかを評価する必要がある．なお"管理下にとどめる"の原文は，remain within the control of its quality management system であり，組織の管理下にあることが明確に表現されている．

---- JIS Q 9001:2015 ----

8.4.3 外部提供者に対する情報

組織は，外部提供者に伝達する前に，要求事項が妥当であることを確実にしなければならない．

組織は，次の事項に関する要求事項を，外部提供者に伝達しなければならない．

a) 提供されるプロセス，製品及びサービス
b) 次の事項についての承認

1) 製品及びサービス
　　2) 方法，プロセス及び設備
　　3) 製品及びサービスのリリース
c) 人々の力量．これには必要な適格性を含む．
d) 組織と外部提供者との相互作用
e) 組織が適用する，外部提供者のパフォーマンスの管理及び監視
f) 組織又はその顧客が外部提供者先での実施を意図している検証又は妥当性確認活動

(1) "8.4.3 外部提供者に対する情報"の意図

　この箇条では，外部提供者を管理する前提として，組織が外部提供者に伝達すべき事項を規定している．加えて，これらのa)からf)は具体的なものであり，これらに妥当性がないままに伝達しても，外部提供者は混乱する可能性が高いので，外部提供者に対する要求の妥当性の事前確認を要求している．

　外部提供者が組織の品質マネジメントシステムの一部として有効に機能するために，外部供給者は，組織が要求する事項，組織の品質マネジメントシステムと自身の活動の関係などを理解する必要がある．このため，この箇条には伝達すべき要求事項として，a)プロセス，製品及びサービス，b)製品及びサービス，方法，装置などの承認，c)必要となる力量，d)組織との相互作用，e)管理，監視の方式，f)外部提供者の施設で実施する検証，妥当性確認活動となっていて，対象，やり方，チェック方法などの一通りが含まれている．

8.5 製造及びサービス提供
8.5.1 製造及びサービス提供の管理

　組織は，製造及びサービス提供を，管理された状態で実行しなければならない．

　管理された状態には，次の事項のうち，該当するものについては，必

ず，含めなければならない．

a) 次の事項を定めた文書化した情報を利用できるようにする．
   1) 製造する製品，提供するサービス，又は実施する活動の特性
   2) 達成すべき結果
b) 監視及び測定のための適切な資源を利用できるようにし，かつ，使用する．
c) プロセス又はアウトプットの管理基準，並びに製品及びサービスの合否判定基準を満たしていることを検証するために，適切な段階で監視及び測定活動を実施する．
d) プロセスの運用のための適切なインフラストラクチャ及び環境を使用する．
e) 必要な適格性を含め，力量を備えた人々を任命する．
f) 製造及びサービス提供のプロセスで結果として生じるアウトプットを，それ以降の監視又は測定で検証することが不可能な場合には，製造及びサービス提供に関するプロセスの，計画した結果を達成する能力について，妥当性確認を行い，定期的に妥当性を再確認する．
g) ヒューマンエラーを防止するための処置を実施する．
h) リリース，顧客への引渡し及び引渡し後の活動を実施する．

(1) "8.5 製造及びサービス提供"の意図

この箇条8.5では，顧客要求事項へ一貫して適合する製造及びサービス提供がなされるための要求事項を規定している．製造及びサービス提供そのものは，組織の事業に依存する固有のものであるが，この箇条の要求事項は製造及びサービス提供を適切に進めるための，一般的な要求事項を規定している．要求事項は，製造及びサービス提供の管理，識別及びトレーサビリティ，顧客又は外部提供者の所有物，保存，引渡し後の活動，変更の管理という六つから構成される．

(2) "8.5.1 製造及びサービス提供の管理"の意図

この箇条の意図は，製造及びサービス提供を管理された状態に保つために行うべき事項を規定することである．この管理された状態に保つために必要な事項を，a)からh)で示している．すなわち，a)からh)を達成あるいは実施することが，製造及びサービス提供の管理に重要であり，これらを行うべき事項に含めることが要求事項になっている．このうち，a)は管理の対象とする製品及びサービスの特性と達成すべき成果について，明確化し，文書化することが要求されている．またb)は監視測定の利用，使用を要求している．具体的な製造及びサービス提供に関連し，c)合否判定のための監視測定，d)インフラストラクチャなどの整備，e)力量の確保，f)アウトプットが以降の監視，測定で検証できない場合の活動，g)ヒューマンエラー防止，h)引渡し及び引渡し後の活動が要求事項として規定されている．なおa)2)の達成すべき結果とは，安全，品質，コスト，納期，環境，測定などの側面における，プロセスについて達成すべき結果を指す．またc)は，細分化した製造プロセス，サービス提供プロセスにおけるアウトプットが，管理基準を満たしているかどうかの監視測定となる．

(3) "f)…それ以降の監視又は測定で検証することが不可能な場合"の例

例えば車のエアバッグの場合には，ひとたび車に組み込んだあとは，エアバッグについて仕様どおりの働きをするかどうかの検証はできない．このような場合には，車に組み込まれた結果としてエアバッグが意図どおりの働きをするかどうかを，製造及びサービス提供のプロセスの能力の妥当性を別途評価することで確認する．

(4) "ヒューマンエラーを防止するための処置"の意図

製品及びサービスの生産及び提供段階において，人による標準からの逸脱を防ぐ策を箇条8.5.1で要求している．長年の経験，高い技術力などは，その効果的な適用のために標準として定められ，プロセスに適用される．このような場合，標準どおりに運用されていれば結果は好ましくなるものの，時として標準からの逸脱も発生し，結果的に問題が生じる．このような逸脱を防ぐため，基本的な事項として力量を備えた人の任命に加え，g)でうっかりして標準を

守れないというヒューマンエラーへの取組みを要求している．ヒューマンエラー防止のための方策として，人手に頼った作業を自動化する，作業ミスを防ぐ治具を開発する，及び作業ミスを機械で検出するなどの例が挙げられる．

JIS Q 9001:2015

8.5.2　識別及びトレーサビリティ

製品及びサービスの適合を確実にするために必要な場合，組織は，アウトプットを識別するために，適切な手段を用いなければならない．

組織は，製造及びサービス提供の全過程において，監視及び測定の要求事項に関連して，アウトプットの状態を識別しなければならない．

トレーサビリティが要求事項となっている場合には，組織は，アウトプットについて一意の識別を管理し，トレーサビリティを可能とするために必要な文書化した情報を保持しなければならない．

（1）　"8.5.2　識別及びトレーサビリティ"の意図

通常，製造及びサービス提供のプロセスは，細分化された複数のプロセスに分解される．細分化されたプロセスには，製造及びサービス提供の過程にある製品及びサービスの評価，試験を含んでいる．最終的に顧客要求事項に適合する製品及びサービスの提供を行うためには，製造及びサービス提供の過程で行われる試験を含め，製品及びサービスの監視及び測定結果の要求事項に対する状態を識別し，悪い状態の製品及びサービスが混入することを防ぐため，プロセスアウトプットの状態を識別し，識別に基づき適切に管理する必要がある．また，製品及びサービスの起源を明確にするためのトレーサビリティが要求されている場合の識別要求についても規定している．

（2）　トレーサビリティ，識別の意味

トレーサビリティ（traceability）とは，対象の履歴，適用，所在などが追跡できることを指し，この箇条の要求においては，製品及びサービスがいつ，どこで，何を使って，どのように提供されたかが追跡できることを指す．例え

ば製品及びサービスに問題が発生した場合において，トレーサビリティが確保されていると原因の追究が容易になる．識別（identification）とは，対象とその他を分けることである．身分証明は identification であり，これは，この証明の保有者と他人を分けている．この要求事項において識別は，プロセスのアウトプットを他のアウトプットと分けることを意味する．

(3) "一意の識別"の意味

トレーサビリティのための識別の目的は，対象となる製品及びサービスが追跡できるようにすることである．したがって，この識別により，特定の履歴，所在など追跡すべき一つの源，まとまりが特定されなければならない．"一意の識別"とは，このように一つの源を特定するための識別を意味する．

JIS Q 9001:2015

8.5.3 顧客又は外部提供者の所有物

組織は，顧客又は外部提供者の所有物について，それが組織の管理下にある間，又は組織がそれを使用している間は，注意を払わなければならない．

組織は，使用するため又は製品及びサービスに組み込むために提供された顧客又は外部提供者の所有物の識別，検証及び保護・防護を実施しなければならない．

顧客若しくは外部提供者の所有物を紛失若しくは損傷した場合，又はその他これらが使用に適さないと判明した場合には，組織は，その旨を顧客又は外部提供者に報告し，発生した事柄について文書化した情報を保持しなければならない．

　　注記　顧客又は外部提供者の所有物には，材料，部品，道具，設備，
　　　　　施設，知的財産，個人情報などが含まれ得る．

---

(1) "8.5.3 顧客又は外部提供者の所有物"の意図

顧客が所有する機器の修理や，新たな部品を組み込む場合など，製品及びサ

ービスの提供において，顧客の所有物や外部提供者の所有物を取り扱う場合がある．このような場合には，顧客又は外部提供者の所有物に損傷を与えたり，それらを紛失したりするようなことがないよう，特に注意することをこの箇条では要求している．具体的には，顧客又は外部提供者の所有物を，組織の所有物と識別し，検証，保護，防護をする．さらに，紛失，損傷があった場合には，適切な処置を施すことを要求している．

(2) "顧客又は外部提供者の所有物"の例

この箇条で対象としている顧客又は外部提供者の所有物は，多岐にわたる．例えば修理サービスの場合，修理の対象は多くの場合に顧客所有物となる．また電話サービスセンター業務を委託されている場合には，注記に含まれるように，顧客の有する個人情報も顧客所有物になり，この箇条の対象になる．さらに，外部提供者の所有物の例として，外部の組織の試験機器を貸与して試験を実施する場合などが挙げられる．

JIS Q 9001:2015

8.5.4 保存

組織は，製造及びサービス提供を行う間，要求事項への適合を確実にするために必要な程度に，アウトプットを保存しなければならない．

注記　保存に関わる考慮事項には，識別，取扱い，汚染防止，包装，保管，伝送又は輸送，及び保護が含まれ得る．

---

(1) "8.5.4 保存"の意図

プロセスからのアウトプットは，即座に次のプロセスで処理されるわけではなく，例えば中間在庫のように，一時的に処理が中断され保存される場合がある．このような場合にプロセスのアウトプットの特性や鮮度を保つために保存が必要になることがある．この箇条では，必要な程度の保存を確実にすることを要求している．

(2) "アウトプットを保存"の例

プロセスからのアウトプットとしての製品の保存の例として，製造工程における中間在庫の保存が挙げられる．また，サービスの保存の例としては，会計処理業務受託サービスにおいて，顧客からの情報を待っていて月次決算処理を一時中断しているときに，その途中までの計算結果が変更されないようにする保存が該当する．

JIS Q 9001:2015

8.5.5 引渡し後の活動

組織は，製品及びサービスに関連する引渡し後の活動に関する要求事項を満たさなければならない．

要求される引渡し後の活動の程度を決定するに当たって，組織は，次の事項を考慮しなければならない．

a) 法令・規制要求事項
b) 製品及びサービスに関連して起こり得る望ましくない結果
c) 製品及びサービスの性質，用途及び意図した耐用期間
d) 顧客要求事項
e) 顧客からのフィードバック

注記 引渡し後の活動には，補償条項（warranty provisions），メンテナンスサービスのような契約義務，及びリサイクル又は最終廃棄のような付帯サービスの下での活動が含まれ得る．

---

(1) "8.5.5 引渡し後の活動"の意図

例えば，電気製品を顧客が購入した場合，一定期間は製造者による補償が得られるものが多く，この補償に関する取決めに基づいた活動は，製品及びサービスに関連する引渡し後の活動の例である．この箇条では，このような引渡し後の活動に関連する要求事項を満たすことを要求している．さらに引渡し後の要求事項は，製品及びサービスや，顧客によって様々である．これから，a)

からe)を考慮して，引渡し後の活動の程度を決めるという要求をしている．

(2) "引渡し後の活動"の意味，例

組織は，顧客に製品を引渡してから，あるいは，サービス提供してから，補償，メンテナンスなど様々な活動を実施する．これは，顧客の製品及びサービスの満足度は，引き渡し時点だけで決まるのではなく，製品の使用など引渡し後の活動も関連する．このように考えると，この箇条で対象としている製品及びサービスを顧客に引き渡してからの活動には，注記にある補償やメンテナンスサービス，顧客へのフォローアップなど多岐にわたる．

――― JIS Q 9001:2015 ―――

8.5.6 変更の管理

組織は，製造又はサービス提供に関する変更を，要求事項への継続的な適合を確実にするために必要な程度まで，レビューし，管理しなければならない．

組織は，変更のレビューの結果，変更を正式に許可した人（又は人々）及びレビューから生じた必要な処置を記載した，文書化した情報を保持しなければならない．

(1) "8.5.6 変更の管理"の意図

製造前に綿密に準備をしても，実際に製造やサービス提供を開始した後，変更の必要性が明らかになるものがある．これらには，発生してはじめてわかる問題が含まれる．この場合には，問題に対して適切な措置が必要になり，事前に計画していない変更をしなければならない事態に陥る．このことからこの箇条では，製造及びサービス提供にかかわる変更について，変更後の製造及びサービス提供が適切であることを確実にするために，変更についてのレビュー，文書化した情報の保持などの管理を要求している．

(2) 他の箇条との関係

JIS Q 9001:2015 では，変更に関連する要求事項が箇条 6.3, 8.1, 8.2.4, 8.3.6, 8.5.6 に記述されている．これらのうち"6.3 変更の計画"は，品質マネジメントシステムについてあらかじめ計画された変更である．箇条 6.3 は，例えば，定期的な設備更新，中長期計画に示された新規事業の開始などが計画されている場合に，それに伴う品質マネジメントシステムの計画的な変更が対象となる．これに対して，"8.1 運用の計画及び管理"では，箇条 6.3 で計画されている変更の導入に加え，運用の過程で生じる変更の管理を要求している．さらに，箇条 8.2.4 では製品及びサービスに関する要求事項の変更を，箇条 8.3.6 では設計・開発の変更を，箇条 8.5.6 は製造及びサービス提供に関する変更を管理の対象としている．例えば箇条 8.5.6 の変更には，不具合に対応するための工程の変更や作業標準の変更が含まれる．

JIS Q 9001:2015

8.6 製品及びサービスのリリース

組織は，製品及びサービスの要求事項を満たしていることを検証するために，適切な段階において，計画した取決めを実施しなければならない．

計画した取決めが問題なく完了するまでは，顧客への製品及びサービスのリリースを行ってはならない．ただし，当該の権限をもつ者が承認し，かつ，顧客が承認したとき（該当する場合には，必ず）は，この限りではない．

組織は，製品及びサービスのリリースについて文書化した情報を保持しなければならない．これには，次の事項を含まなければならない．

a) 合否判定基準への適合の証拠
b) リリースを正式に許可した人（又は人々）に対するトレーサビリティ

---

(1) "8.6 製品及びサービスのリリース"の意図

顧客に，要求事項を満たす製品及びサービスを確実に提供するには，製品及

びサービスを顧客に提供するまでに至るプロセスの安定化に加え，リリース前に製品及びサービスを調べて要求事項を満たすことを確認する必要がある．この箇条では，後者の検証が終わる前にリリースをしてはならないことを要求している．具体的には，計画した方法による検証の実施，合否判定基準に関する保持に加え，検証の完了前にリリースをしてはいけないことを要求している．

(2) "検証"の意味

この規格では，"8.3 製品及びサービスの設計・開発"，及び"8.6 製品及びサービスのリリース"の中などで検証が要求されている．これらにおいて，箇条8.3は設計・開発に関する検証であり，設計・開発のアウトプットが，あらかじめ決めた設計・開発の仕様に合致しているかを評価している．箇条8.6の検証は製品及びサービスを対象にしており，製品及びサービスの要求への適合をリリース前に確認する活動を意味している．

(3) "引渡し（deliver）"と"リリース（release）"の意味

引渡し（deliver）とは，顧客に対して製品を渡す，サービスを提供することを意味する．一方，リリース（release）とは，製品及びサービスを顧客や後工程に引き渡すため，製造及びサービス提供に関する活動の完了を確認することを意味している．

8.7 不適合なアウトプットの管理

8.7.1 組織は，要求事項に適合しないアウトプットが誤って使用されること又は引き渡されることを防ぐために，それらを識別し，管理することを確実にしなければならない．

組織は，不適合の性質，並びにそれが製品及びサービスの適合に与える影響に基づいて，適切な処置をとらなければならない．これは，製品の引渡し後，サービスの提供中又は提供後に検出された，不適合な製品及びサービスにも適用されなければならない．

組織は，次の一つ以上の方法で，不適合なアウトプットを処理しなけれ

ばならない．
a） 修正
b） 製品及びサービスの分離，散逸防止，返却又は提供停止
c） 顧客への通知
d） 特別採用による受入の正式な許可の取得

不適合なアウトプットに修正を施したときには，要求事項への適合を検証しなければならない．

8.7.2 組織は，次の事項を満たす文書化した情報を保持しなければならない．
a） 不適合が記載されている．
b） とった処置が記載されている．
c） 取得した特別採用が記載されている．
d） 不適合に関する処置について決定する権限をもつ者を特定している．

（1） "8.7 不適合なアウトプットの管理" の意図

どのように綿密に計画し，活動しても不適合は発生する場合が多い．発生時に迅速，かつ適切な処置をとらないと大きな問題になる．不適合を見つけた場合には，不適合品が誤ってそのまま顧客に渡らないような処置をとった上で，原則的には，不適合箇所を修正し，適合を確認した後リリースする．顧客などに与える影響の程度によっては，例外的にそのままリリースする場合がある．この箇条では，不適合なプロセスアウトプット並びに製品及びサービスに関し，とるべき処置，及び例外的にそのままリリースする場合に必要となる許可について規定している．

（2） "不適合なアウトプット" の意味

この箇条では，製造及びサービス提供の最終アウトプットである製品及びサービスに加え，プロセスの過程で発生した不適合品，すなわち不適合なプロセスアウトプットに対し，誤ってリリースされることを防止する処置，及び不適

合品をどう処理しリリース可能な状態にするかを規定している．このプロセスからのアウトプットの例として，半製品，中間製品，部品・材料が挙げられる．

(3) "修正"の意味

修正（correction）とは，直面している不適合の現象を取り除くことを意味する．例えばエンジン周りの電子部品の故障で車が動かないときに，この電子部品を取り替え，車が動かない現象を取り除くのは，修正の例となる．これに対し，この電子部品の故障の原因を探し，設計変更などで原因に対して対策をとり再発を防止するのが是正処置となる．

9 パフォーマンス評価

―― JIS Q 9001:2015 ――

9 パフォーマンス評価
9.1 監視，測定，分析及び評価
9.1.1 一般

組織は，次の事項を決定しなければならない．

a) 監視及び測定が必要な対象
b) 妥当な結果を確実にするために必要な，監視，測定，分析及び評価の方法
c) 監視及び測定の実施時期
d) 監視及び測定の結果の，分析及び評価の時期

組織は，品質マネジメントシステムのパフォーマンス及び有効性を評価しなければならない．

組織は，この結果の証拠として，適切な文書化した情報を保持しなければならない．

(1) "9 パフォーマンス評価"の意図

品質マネジメントシステムについて PDCA サイクルを考えると，"9 パフォ

ーマンス評価"は Check であり，品質マネジメントシステムが意図どおりに成果を上げているかどうかの評価である．この評価には，製品及びサービスの適合やプロセスアウトプットの適合の程度を通した評価及びプロセスがうまくいっているかどうかの評価，品質マネジメントシステムが意図したとおりに運用され，機能しているかどうかの評価，及び，品質マネジメントシステムの継続的な有効性に関する評価がある．このための評価の一般事項を"9.1 監視，測定，分析及び評価"に，品質マネジメントシステムが意図したとおり運用されているかの評価を，"9.2 内部監査"に，品質マネジメントシステムの継続的な有効性を評価し確実にするための要求事項を"9.3 マネジメントレビュー"に規定している．

(2) "9.1 監視，測定，分析及び評価"の意図

箇条 9.1 では，品質マネジメントシステムに関連して，a)何を監視，測定の対象とするか，b)どのように監視，測定をするか，c)いつ監視，測定をするか，d)いつ監視，測定の結果を集約し分析するかという，監視，測定に関する基本的な事項を要求している．品質マネジメントシステムの狙いの中核が，要求事項を満たし顧客満足を高めることであり，これら監視，測定，分析の目的は，品質マネジメントシステムのパフォーマンス，有効性の評価である．

(3) "品質マネジメントシステムのパフォーマンス及び有効性"の意味

品質マネジメントシステムの狙いは，品質マネジメントシステムの適切な構築，運用により，一貫して，提供している製品及びサービスが顧客要求事項を満たし，関連する法令・規制要求事項を満たし，顧客満足を実現し続けることである．したがって，この狙いに関連するもの，例えば製品及びサービス，プロセスアウトプットの要求への適合，プロセスのアウトプットの取決めとの適合，プロセスが取決めどおりに進められているかなどがパフォーマンスとなる．またここでの有効性とは，品質マネジメントシステムの構築，運用の結果として意図どおりの結果が得られ，品質マネジメントシステムのパフォーマンスが向上しているかどうかを意味している．

(4) "監視及び測定が必要な対象"の意味

監視,測定,分析の目的は,品質マネジメントシステムのパフォーマンス,有効性を評価することである.(3)で記述したように,製品及びサービス,プロセスアウトプットの要求への適合,プロセスが取決めどおりに進められているかなどがパフォーマンスであり,品質マネジメントシステムの構築,運用の結果として,パフォーマンスが向上しているかどうかが品質マネジメントシステムの有効性である.よって,必要とされる監視測定の対象には,製品及びサービスやプロセスのアウトプットの適合の程度,プロセスの運用状況,品質マネジメントシステムの運用状況,及び品質マネジメントシステムのパフォーマンスの向上の程度などが含まれる.

JIS Q 9001:2015

9.1.2 顧客満足

　組織は,顧客のニーズ及び期待が満たされている程度について,顧客がどのように受け止めているかを監視しなければならない.組織は,この情報の入手,監視及びレビューの方法を決定しなければならない.

　　注記　顧客の受け止め方の監視には,例えば,顧客調査,提供した製品及びサービスに関する顧客からのフィードバック,顧客との会合,市場シェアの分析,顧客からの賛辞,補償請求及びディーラ報告が含まれ得る.

---

(1) "9.1.2 顧客満足"の意図

品質マネジメントの中核は,提供している製品及びサービスによる顧客満足の獲得である.この箇条では,この獲得を目指し,顧客満足を評価することを要求している.すなわち,要求事項,ニーズ及び期待が満たされていることを,どのように顧客が受け止めているかの監視,レビューを要求している.

(2) 顧客の受け止め方の監視の例

顧客の受け止め方を監視するには,様々なやり方がある.注記にあるように

顧客への意見調査,保証対応を通した顧客の声など顧客に直接尋ねるものに加え,売上げ,市場占有率の分析など間接的なものもある.

JIS Q 9001:2015

9.1.3 分析及び評価

　組織は,監視及び測定からの適切なデータ及び情報を分析し,評価しなければならない.

　分析の結果は,次の事項を評価するために用いなければならない.

a) 製品及びサービスの適合
b) 顧客満足度
c) 品質マネジメントシステムのパフォーマンス及び有効性
d) 計画が効果的に実施されたかどうか
e) リスク及び機会への取組みの有効性
f) 外部提供者のパフォーマンス
g) 品質マネジメントシステムの改善の必要性

　注記　データを分析する方法には,統計的手法が含まれ得る.

---

(1)　"9.1.3 分析及び評価"の意図

　品質マネジメントの重要な基本原則の一つに"データで語る／事実に基づく管理"があり,監視,測定,分析及び評価は,これを具現化するために行う一連の活動である.監視,測定の結果得られたデータ及び測定値を有効に活用し,品質マネジメントシステムの改善に寄与する分析結果が得られるように,分析の目的及び分析の視点が規定されている.この箇条では,分析及び評価のアウトプットの用途をa)からg)で示していて,これらは分析及び評価の目的でもある.これらは,a)適合の実証,b)顧客満足度という顧客に関連するもの,c)システムの有効性の確保,d)計画の評価というシステムに関連するもの,e)リスク及び機会への取組みの評価,f)外部提供者パフォーマンスの評価,g)改善の必要性というパフォーマンス改善に関連するものからなる.

9.2 内部監査

9.2.1 組織は,品質マネジメントシステムが次の状況にあるか否かに関する情報を提供するために,あらかじめ定めた間隔で内部監査を実施しなければならない.

a) 次の事項に適合している.

   1) 品質マネジメントシステムに関して,組織自体が規定した要求事項
   2) この規格の要求事項

b) 有効に実施され,維持されている.

9.2.2 組織は,次に示す事項を行わなければならない.

a) 頻度,方法,責任,計画要求事項及び報告を含む,監査プログラムの計画,確立,実施及び維持.監査プログラムは,関連するプロセスの重要性,組織に影響を及ぼす変更,及び前回までの監査の結果を考慮に入れなければならない.

b) 各監査について,監査基準及び監査範囲を定める.

c) 監査プロセスの客観性及び公平性を確保するために,監査員を選定し,監査を実施する.

d) 監査の結果を関連する管理層に報告することを確実にする.

e) 遅滞なく,適切な修正を行い,是正処置をとる.

f) 監査プログラムの実施及び監査結果の証拠として,文書化した情報を保持する.

   注記 手引として **JIS Q 19011** を参照.

(1) "9.2 内部監査" の意図

組織が自律的に活動を進めるためには,自らがどのような状態にあるのかを把握する必要がある.品質マネジメントシステムでも同様であり,箇条9.2.1

では，内部監査を実施し，自らが規定した要求事項，この規格の要求事項への適合性に加え，品質マネジメントシステムの有効な実施と維持ができているかどうかを把握することを要求している．また箇条9.2.2では，内部監査で行うべきことをa)からf)として詳細に規定している．

(2) 9.2.2の意図

内部監査が確実に実施され，その結果が有効に利用されるために，組織が内部監査に関し実施すべき事項を規定している．その要旨は次のとおりである．

a) 内部監査を計画し，スケジュールを決める．
b) 監査基準などの実施する方法論を確立する．
c) 監査プログラム内の役割及び責任を割り当てる．
d) 監査結果を知るべき人に確実に伝える．
e) 監査結果に基づく修正，是正処置を遅延なく行う．
f) 文書化した情報として保持する．

(3) "監査プロセスの客観性及び公平性を確保する"の意味

内部監査は，品質マネジメントシステムの運用状況をあるがままに捉えるため，偏りのない客観的で公平な視点で実施する必要がある．その意味で，内部監査の要員は，監査員自身が関与している業務の監査は行わないよう，内部監査の要員を決める必要がある．同時に，監査の要員は"7.2 力量"の要求事項を満たす必要がある．

(4) "監査結果を関連する管理層に報告する"の意味

内部監査の結果は，監査の対象となった部門／単位の責任をもつ管理層，及びその他適切とみなされるあらゆる者に報告し，必要なフォローを行うことにより，有効な活用がなされる．さらに，内部監査の結果に関する情報は，"9.3 マネジメントレビュー"でレビューされ，品質マネジメントシステムの継続的な有効性の改善に活用される．

9.3 マネジメントレビュー

9.3.1 一般

トップマネジメントは,組織の品質マネジメントシステムが,引き続き,適切,妥当かつ有効で更に組織の戦略的な方向性と一致していることを確実にするために,あらかじめ定めた間隔で,品質マネジメントシステムをレビューしなければならない.

9.3.2 マネジメントレビューへのインプット

マネジメントレビューは,次の事項を考慮して計画し,実施しなければならない.

a) 前回までのマネジメントレビューの結果とった処置の状況
b) 品質マネジメントシステムに関連する外部及び内部の課題の変化
c) 次に示す傾向を含めた,品質マネジメントシステムのパフォーマンス及び有効性に関する情報
   1) 顧客満足及び密接に関連する利害関係者からのフィードバック
   2) 品質目標が満たされている程度
   3) プロセスのパフォーマンス,並びに製品及びサービスの適合
   4) 不適合及び是正処置
   5) 監視及び測定の結果
   6) 監査結果
   7) 外部提供者のパフォーマンス
d) 資源の妥当性
e) リスク及び機会への取組みの有効性(**6.1** 参照)
f) 改善の機会

9.3.3 マネジメントレビューからのアウトプット

マネジメントレビューからのアウトプットには,次の事項に関する決定

及び処置を含めなければならない．

a) 改善の機会
b) 品質マネジメントシステムのあらゆる変更の必要性
c) 資源の必要性

　組織は，マネジメントレビューの結果の証拠として，文書化した情報を保持しなければならない．

(1) "9.3 マネジメントレビュー"の意図

　トップマネジメントの役割を PDCA サイクルになぞらえて説明すると，方針，目的を設定し，実施のための支援を確実にし，実施結果のチェックをし，必要に応じた処置の指示を出すこととなる．この"9.3 マネジメントレビュー"は，実施結果のチェックに対応する．この箇条では，トップマネジメント自身による，品質マネジメントシステムの全体的なレビューの実施が要求されている．特に，組織の状況，組織が置かれている環境の変化，意図する結果との乖離，有益な成果を伴う利点をもたらす好ましい状態などを考慮した上で，品質マネジメントシステムの変更を推進し，有効性の継続的改善に関する優先事項を決定し，その実施を指揮することは，トップマネジメントの役割であり，これらを踏まえて要求事項が構成されている．

(2) "品質マネジメントシステムに関連する外部及び内部の課題の変化"の意味

　箇条4では，品質マネジメントシステムの計画の基となる，組織が置かれている状況や内部，外部の課題を把握することが要求されている．この箇条9.3では，箇条4で考慮した内部，外部の課題にどのような変化が生じているかを明らかにし，組織の戦略上の方向性に与える影響も含めてレビューすることが要求されている．

(3) "品質マネジメントシステムのパフォーマンス及び有効性に関する情報"の意味

　箇条9.3.2 c)で考慮すべき事項として挙げられている品質マネジメントシス

テムのパフォーマンス及び有効性に関する情報は，他の要求事項で規定されている事項と関連している．

1) 顧客満足：箇条9.1.2
2) 品質目標が満たされている程度：箇条9.1
3) プロセスのパフォーマンス，並びに製品及びサービスの適合：箇条8.1，8.7
4) 不適合及び是正処置：箇条8.7，10.2
5) 監視及び測定の結果：箇条9.1
6) 監査結果：箇条9.2
7) 外部提供者のパフォーマンス：箇条8.4

（4）"マネジメントレビューからのアウトプット"の意味

マネジメントレビューは，その実施を通して，a)改善の機会を特定し，b)品質マネジメントシステムのあらゆる変更の必要性を明確にした上で，それらについて必要な処置を決定することが目的である．組織が，最終的にこの目的を達成し，品質マネジメントシステムの有効性を継続的に改善することにより，持続的な組織の成功につなげることが可能となる．この点を明確に示すために，箇条9.3.3でa),b)が要求されている．

10 改 善

10 改善

10.1 一般

組織は，顧客要求事項を満たし，顧客満足を向上させるために，改善の機会を明確にし，選択しなければならず，また，必要な取組みを実施しなければならない．

これには，次の事項を含めなければならない．

a) 要求事項を満たすため，並びに将来のニーズ及び期待に取り組むため

の，製品及びサービスの改善
b) 望ましくない影響の修正，防止又は低減
c) 品質マネジメントシステムのパフォーマンス及び有効性の改善

注記 改善には，例えば，修正，是正処置，継続的改善，現状を打破する変更，革新及び組織再編が含まれ得る．

(1) "10 改善"の意図

品質マネジメントシステムについて PDCA サイクルを考えると，"10 改善"は Act であり，箇条 9 までに明らかになった不適合事項や目標の未達に対して適切に改善を進めることを意図している．ここでの改善は，製品及びサービス，プロセス，並びに品質マネジメントシステムなどを対象としている．不適合事項及び目標の未達には，その状況を修正し，原因を調査し，再発防止の処置がとれるようにする．また，不適合事項に関しては，その不適合が他のところでも発生又は発生する可能性があるかを判断し，必要な処置をとることを要求している．加えて，とった処置の有効性をレビューすること，及び必要に即して品質マネジメントシステムを変更する必要があることを規定している．

(2) "10.1 一般"の意図

この箇条では，組織が顧客要求事項を満たし，さらに，顧客満足を向上させることを意図して，改善のための機会の決定，選択に関わる要求事項を示している．改善の機会は様々であり，この箇条では，a) 要求事項，将来のニーズに適合するための製品及びサービス改善，b) 不適合の低減，防止などのための改善，c) 品質マネジメントシステムの結果の改善を含めることを要求している．

(3) "改善"の意味

改善には，注記にあるとおり，是正処置によるもの，目標とのギャップを解消するため逐次的に実施されるもの，創造的に現状打破を図るものを含んでいる．改善は，継続的改善を中核にするものの，それだけでなく，プロセスの革新による飛躍的な改善も含む．

(4) "品質マネジメントシステムのパフォーマンス及び有効性の改善"の意味

品質マネジメントシステムのパフォーマンスとは，製品及びサービス，プロセスアウトプットの要求への適合，プロセスが取決めどおりに進められているかなどである．またこの有効性とは，品質マネジメントシステムの構築，運用の結果として，品質マネジメントシステムのパフォーマンスが向上しているかどうかを意味する．したがって，このc)では，これらのパフォーマンス及び有効性の改善を要求している．一方，a)は，製品及びサービスそのものの改善，b)は望ましくない影響の修正，防止である．

―― JIS Q 9001:2015 ――

10.2 不適合及び是正処置

10.2.1 苦情から生じたものを含め，不適合が発生した場合，組織は，次の事項を行わなければならない．

a) その不適合に対処し，該当する場合には，必ず，次の事項を行う．
   1) その不適合を管理し，修正するための処置をとる．
   2) その不適合によって起こった結果に対処する．

b) その不適合が再発又は他のところで発生しないようにするため，次の事項によって，その不適合の原因を除去するための処置をとる必要性を評価する．
   1) その不適合をレビューし，分析する．
   2) その不適合の原因を明確にする．
   3) 類似の不適合の有無，又はそれが発生する可能性を明確にする．

c) 必要な処置を実施する．

d) とった全ての是正処置の有効性をレビューする．

e) 必要な場合には，計画の策定段階で決定したリスク及び機会を更新する．

f) 必要な場合には，品質マネジメントシステムの変更を行う．

> 是正処置は，検出された不適合のもつ影響に応じたものでなければならない．
>
> **10.2.2** 組織は，次に示す事項の証拠として，文書化した情報を保持しなければならない．
> **a)** 不適合の性質及びそれに対してとったあらゆる処置
> **b)** 是正処置の結果

(1) "10.2 不適合及び是正処置" の意図

要求事項に適合しない製品が検出された場合には，まず，それと他の製品が混ざらないようにして流出を防ぐなどの管理をし，その製品に対して不適合の現象を取り除く修正を行う．次に，この不適合が発生した原因を探索し，その原因の対策をとり不適合の発生を防ぐための措置を決め，それらを実施する．この基本的な考え方を具現化するべく，a), b), c) が要求されている．そして適切な期間が経過した後，b), c) の是正処置の有効性を評価し，必要に応じてマネジメントシステムの変更を行う．これらが d), e), f) で要求されている．

(2) "証拠として，文書化した情報" の意味

不適合が発生してしまった際には，箇条10.2.1に要求されている適切な措置をとると同時に，発生の事実を関係者と共有しなければならない．この関係者は，顧客の場合もあれば，内部の関連する他のプロセスの場合もある．他のプロセスと共有することで組織の知識の蓄積を図る．顧客に対する，継続的な適合の証拠としての文書化及びその保持が要求されている．

(3) "修正"，"是正処置" の意味

不適合など問題が発生したときに，その問題の現象を取り除くのが修正（correction）であり，その問題の原因を明確にしてその原因を取り除き再発防止を図るのが是正処置（corrective action）である．問題が発生する前に問題を予見し未然に問題発生を防ぐのが予防処置（preventive action）であり，

これは JIS Q 9001:2008 に記述されていた．一方 JIS Q 9001:2015 では，問題が発生する可能性があると予見できるものについて，その原因を付随するリスクとして捉え，そのリスクに対して対策をとることを箇条 6 で要求している．予防処置という用語は使用されていないが，JIS Q 9001:2008 の修正，是正処置，予防処置の概念は，2015 年版でも受け継がれている．

JIS Q 9001:2015

10.3 継続的改善

組織は，品質マネジメントシステムの適切性，妥当性及び有効性を継続的に改善しなければならない．

組織は，継続的改善の一環として取り組まなければならない必要性又は機会があるかどうかを明確にするために，分析及び評価の結果並びにマネジメントレビューからのアウトプットを検討しなければならない．

---

(1) "10.3 継続的改善"の意図

品質マネジメントシステムの適切性，妥当性及び有効性は，顧客の要求，組織の内外部の状況などの変化に少なからず影響を受ける．JIS Q 9001:2015 は，品質マネジメントシステムを継続的に改善することによりその適切性，妥当性及び有効性を維持する改善モデルを提供している．この箇条では，継続的改善を適切に行うために必要な事項を規定している．

(2) "マネジメントシステムの適切性，妥当性及び有効性"の意味

適切性（suitability）は，目的に対して合致しているという意味なので，マネジメントシステムの適切性とは，組織の目的，運用，事業に照らして，マネジメントシステムが整合している度合いを意味する．また，妥当性（adequacy）は目的に対して十分，漏れがないという意味なので，マネジメントシステムの妥当性とは，マネジメントシステムが目的とした成果を生むのに十分である程度を意味する．さらに有効性（effectiveness）とは，品質マネジメントシステムがその目的を達成できる程度を意味する．

(3) "継続的改善" の意味

継続的（continual）とは，ある期間にわたって起こることを意味していて，途中に中断が入り得る．その意味で，中断なく起こるという連続的（continuous）とは異なる．ここでの継続的とは，ある期間にわたって，定期的あるいは必要に即して行うことを意味している．継続的改善は，改善に含まれる活動で，品質マネジメントシステムのパフォーマンスを基にして改善の機会を継続的に特定し，それらの機会を利用して改善を推進することを意味している．

索　引

A

address　167
as applicable　165
as appropriate　165
as necessary　165
audit　155
　—— client　162
　—— conclusion　161
　—— criteria　160
　—— evidence　160
　—— findings　160
　—— plan　158
　—— programme　158
　—— scope　158
　—— team　162
auditee　162
auditor　163

C

capability　122
characteristic　141
combined audit　156
competence　144
complaint　140
concession　152
conformity　120
consider　168
context of the organization　87
continual improvement　92

correction　150
corrective action　149
customer　89
　—— satisfaction　139

D

data　131
defect　120
dependability　124
design and development　106
determination　145
deviation permit　153
document　132
documented information　133

E

effectiveness　130
efficiency　130
engagement　86
ensure　166
entity　114
establish　166
external provider　89
external supplier　89

F

feedback　139

G

grade　116

guide　162

H
human factor　143

I
if applicable　165
implement　166
improvement　92
information　131
infrastructure　109
innovation　124
inspection　146
interested party　88
involvement　86
ISO 9000:2015　16
ISO 9001:2015　16
ISO 9004:2009　17
ISO 19011　17
ISO/IEC TS 17021-3　17
ISO/TS 9002　37
ISO 規格の制定プロセス　21
item　114

J
joint audit　156

M
maintain　166
management　94
　── system　95
measurement　146
mission　113

monitoring　145

N
nonconformity　119

O
object　114
objective　111
　── evidence　132
observer　163
organization　86
output　102
outsource　105

P
PDCA サイクル　56, 179
　──の構造　180
performance　126
plan　166
policy　110
Position Paper　25
preventive action　148
procedure　104
process　101
product　102
provider　89

Q
QMS 認証制度　18, 74
quality　115
　── assurance　70, 98
　── characteristic　142
　── control　70, 98

—— improvement   70, 93, 98
—— manual   135
—— objective   111
—— plan   136
—— planning   98
—— policy   110
—— requirement   118
—— management   70, 98
—— management system   96

R

record   134
regrade   150
regulatory requirement   118
release   154
repair   151
requirement   117
review   145
rework   151
risk   128

S

scrap   151
service   103

specification   135
stakeholder   88
statutory requirement   118
strategy   113
success   125
supplier   89
sustained success   125
system   95

T

TC 176   21
technical expert   163
test   146
top management   85
traceability   123

V

validation   138
verification   137
vision   113

W

where applicable   165
work environment   109

あ

アウトプット　102
案内役　162

い

維持する　166, 224
一意の識別　252
一貫して提供する　185
逸脱許可　153
意図しない改変　229
インフラストラクチャ　109

う

運営管理　94

お

オブザーバ　163

か

改善　50, 92, 268
該当する場合には，必ず　165
外部委託　35
　——したプロセス　232
　——する　105
外部からの文書化した情報　228
外部供給者　89
外部提供者　89
外部，内部の課題　183
確実にする　166
革新　124
確定　145
"確立", "実施", "維持", "継続的改善"

191
確立する　166
考える　168
監査　155
　——依頼者　162
　——員　163
　——基準　160
　——計画　158
　——結論　161
　——証拠　160
　——所見　160
　——チーム　162
　——範囲　158
　——プログラム　158
監視　145
監視及び測定　215
　——が必要な対象　261
完全に整っている状態　199

き

機会　63
技術専門家　163
規制要求事項　118
規定する　167
客観的証拠　132
供給者　89
記録　134

く

苦情　140

け

計画する　166
継続的改善　92, 272
欠陥　120
検査　146
検証　137, 242

こ

合同監査　156
項目　114
効率　130
考慮する　168
顧客　89
　――満足　48, 139

さ

サービス　103
　――分野への配慮　31
再格付け　150
作業環境　109
定める　166
参画　86

し

識別　251
事業プロセス　61
試験　146
資源が目的と合致している証拠　216
システム　95
持続的成功　125
実現能力　122
実行する　166

実施する　166
実体　114
使命　113
修正　150, 259, 270
修理　151
仕様書　135
情報　131
人的要因　143

す

スクラップ　151
ステークホルダー　88

せ

成功　125
製品　102
　――及びサービスに関する主張　234
責任及び権限を割り当て　199
是正処置　149, 270
積極的参加　86
設計・開発　106
　――の段階　240
　――のレビュー　242
設計仕様書　25
設定する　166
説明責任　194
戦略　113

そ

測定　146
　――可能　207
　――のトレーサビリティ　216

組織　86
　──状況及び戦略的な方向性　193
　──の状況　87
　──の目的　182

た

対象　114
妥当性　227
　──確認　138, 242

ち

知識　64

て

提供者　89
ディペンダビリティ　124
データ　131
適合　120
　──認証　18
適切性　227
適用除外　33
適用範囲　45, 188
手順　104
手直し　151

と

等級　116
特性　141
特別採用　152
トップマネジメント　85
取り組む　167
トレーサビリティ　123, 251

な

ナレッジマネジメント　35

に

認証機関　19
認定機関　19

は

パフォーマンス　126

ひ

被監査者　162
引渡し　257
ビジョン　113
"必要な程度"の"文書化した情報"　191
必要に応じて　165
人々の提供　211
品質　115
品質改善　70, 93, 98
品質管理　70, 98
品質計画　98
　──書　136
品質特性　142
品質方針　110
　──と整合　206
品質保証　70, 98
品質マニュアル　135, 226
品質マネジメント　98
品質マネジメントシステム　96
　──の意図した結果　183
　──のパフォーマンス　199

――のパフォーマンス及び有効性　260
品質目標　111
　　――の設定のための枠組み　197
品質要求事項　118

ふ

フィードバック　139
複合監査　156
附属書SL　27, 30, 41
不適合　119
　　――なアウトプットの管理　258
プロセス　101
　　――アプローチ　35, 52
　　――の運用に必要な環境　213
　　――モデル　53
文書　132
文書化した情報　133, 225
　　――として利用可能　188

へ

変更の管理　65

ほ

方針　110
法令要求事項　118
保持する　224

ま

マネジメント　94

――システム　95

み

密接に関連する利害関係者　185
みなす　168

も

目標　111

ゆ

有効性　130

よ

要求事項　117
予防処置　148

り

利害関係者　88
力量　144
　　――の証拠　220
リスク　63, 128
　　――及び機会　201
　　――に基づく考え方　34, 57
リリース　154, 257

れ

レビュー　145

ISO 9001:2015（JIS Q 9001:2015）要求事項の解説

2015 年 11 月 20 日　第 1 版第 1 刷発行
2025 年 2 月 7 日　　　第 15 刷発行

監　　修　品質マネジメントシステム規格国内委員会
著　　者　中條武志・棟近雅彦・山田　秀
発 行 者　朝日　弘
発 行 所　一般財団法人 日本規格協会
　　　　　〒108-0073　東京都港区三田 3 丁目 11-28　三田 Avanti
　　　　　　　　　　　https://www.jsa.or.jp/
　　　　　　　　　振替　00160-2-195146
製　　作　日本規格協会ソリューションズ株式会社
印 刷 所　三美印刷株式会社

© Takeshi Nakajo, et al., 2015　　　　　　　Printed in Japan
ISBN978-4-542-30658-5

● 当会発行図書，海外規格のお求めは，下記をご利用ください．
　JSA Webdesk（オンライン注文）：https://webdesk.jsa.or.jp/
　電話：050-1742-6256　E-mail：csd@jsa.or.jp